Md. Muzaffar-ur- Rehman

Estudos Insilico de derivados do indenopirazol para o cancro

Md. Muzaffar-ur- Rehman

Estudos Insilico de derivados do indenopirazol para o cancro

Descoberta de fármacos e design de fármacos

ScienciaScripts

Imprint
Any brand names and product names mentioned in this book are subject to trademark, brand or patent protection and are trademarks or registered trademarks of their respective holders. The use of brand names, product names, common names, trade names, product descriptions etc. even without a particular marking in this work is in no way to be construed to mean that such names may be regarded as unrestricted in respect of trademark and brand protection legislation and could thus be used by anyone.

Cover image: www.ingimage.com

This book is a translation from the original published under ISBN 978-613-3-99393-8.

Publisher:
Sciencia Scripts
is a trademark of
Dodo Books Indian Ocean Ltd. and OmniScriptum S.R.L publishing group

120 High Road, East Finchley, London, N2 9ED, United Kingdom
Str. Armeneasca 28/1, office 1, Chisinau MD-2012, Republic of Moldova, Europe
Printed at: see last page
ISBN: 978-620-8-02509-0

ÍNDICE :

Estudos 3D-QSAR do indenopyrazole como inibidor da CDK4 utilizando os métodos CoMFA e CoMSIA

Resumo

Foram efectuados estudos tridimensionais quantitativos da relação estrutura-atividade (3D-QSAR) para uma série de inibidores do indenopyrazole utilizando técnicas de análise comparativa do campo molecular (CoMFA) e de análise comparativa do índice de semelhança molecular (CoMSIA). Foi utilizado um conjunto de treino com 93 moléculas para construir os modelos. [22]Os modelos CoMFA e CoMSIA óptimos obtidos para o conjunto de treino foram todos estatisticamente significativos com coeficientes de validação cruzada (q) de 0,845 e 0,763 e coeficientes convencionais (r) de 0,946 e 0,952, respetivamente. As capacidades de previsão de ambos os modelos foram validadas com êxito através do cálculo de um conjunto de teste de 24 moléculas que não foram incluídas no conjunto de treino. Os mapas de contorno de campo CoMFA e CoMSIA corresponderam bem às caraterísticas estruturais da bolsa de ligação do inibidor CDK4, sugerindo que os modelos 3D-QSAR construídos neste trabalho podem ser utilizados para orientar o desenvolvimento de novos inibidores de indenopirazol do recetor CDK4.

1. Introdução :

1.1 Introdução à proteína alvo (2w96) e ao seu papel :

As cinases dependentes da ciclina (CDKs) e as subunidades reguladoras da ciclina são o principal grupo de proteínas cinases que regulam as várias fases do ciclo celular eucariótico [1] - [2]. As CDKs estão também envolvidas no controlo da transcrição de genes, em processos que integram sinais extracelulares e intracelulares para a coordenação do ciclo celular em resposta a alterações ambientais, e na apoptose [2], [5], [6]. A ativação das CDKs ocorre geralmente através da fosforilação de resíduos de treonina específicos pela quinase activadora de CDK e da ligação a uma proteína ciclina. A CDK4 desempenha um papel central na regulação da fase G0-G1 da célula e é necessária para a transição de fase Gl/S. Esta transição depende de sinais extracelulares e da atividade da CDK. A estimulação de células quiescentes por mitogénios e factores de crescimento induz a expressão de ciclinas do tipo D (DI, D2, D3 em mamíferos) e a ativação de CDK4 ou CDK6 (em conjunto: CDK4/6)[4] . A CDK4/6-ciclina D é responsável por uma fosforilação limitada da proteína supressora de tumores retinoblastoma (Rb). Pensa-se que esta fosforilação enfraquece a interação entre a pRb e o fator de transcrição heterodimérico E2F/DP (conhecido coletivamente como E2F). A pRb é um regulador negativo da família de factores de transcrição E2F [7], pelo que a fosforilação da pRb leva à libertação de factores de transcrição que activam a expressão dos genes da fase S. Este processo permite que a célula passe pela fase S. Este processo permite que a célula passe pela fase S e se adapte às mudanças no ambiente. Este processo permite que a célula passe o ponto de restrição e leva ao início da fase S [7]-[8], uma vez que a repressão dos E2Fs activadores pela pRb é reduzida, permitindo a transcrição inicial de genes dependentes de E2F, incluindo a ciclina E e outros genes do ciclo celular. A ativação subsequente de CDK2-ciclina E leva a uma maior fosforilação e inativação de pRb, à libertação de E2F e ao compromisso total com a fase S [5]. Os reguladores do ciclo celular estão frequentemente mutados nos cancros humanos e, devido ao seu papel central na regulação da fase G1, as CDK são alvos atractivos para a inibição terapêutica [9]-[10]. A fosforilação por complexos CDK-ciclina opõe-se à ligação entre as proteínas da família do supressor tumoral retinoblastoma (Rb) e os factores de transcrição E2F, permitindo a ativação transcricional dos genes da fase S. Para além da repressão transcricional mediada por pRb, vários outros níveis de controlo opõem-se à progressão da fase G1 para a fase S. Estes incluem membros de duas famílias diferentes de proteínas supressoras de tumores. Estes incluem membros de duas famílias diferentes de proteínas inibidoras de CDK (CKIs) que se associam às CDKs [11]. As CKIs da família de proteínas INK4, como a p16INK4A, ligam-se especificamente às cinases CDK4/6 e impedem a sua interação com as ciclinas do tipo D. Em contrapartida, as CKIs da família CIP/KIP associam-se aos complexos CDK-ciclina e bloqueiam a sua atividade. A família CIP/KIP inclui a p21Cip1, a p27Kip1 e a p57Kip2 e é particularmente importante para o controlo temporal da CDK2-ciclina E. As proteínas de ambas as famílias CKI contribuem para a saída do ciclo celular e apresentam uma expressão aumentada nas células em diferenciação. A importância das CKIs é ainda sublinhada pela inativação funcional de p16INK4A numa grande variedade de cancros humanos [12].

A entrada no ciclo celular também é controlada pela degradação proteica dependente da ubiquitina. Esta é regulada principalmente ao nível do reconhecimento do substrato por E3 ubiquitina ligases. As E3 ligases que desempenham um papel importante na inibição da G1/S são o complexo de promoção da anáfase/ciclossoma (APC/C), em associação com o coactivador FZR1/Cdh1, e os complexos Skp1, Cullin, F-box fator (SCF). O SCF, em associação com o fator de reconhecimento do substrato Fbw7, visa a degradação da ciclina E e inibe a progressão do ciclo celular. Em contrapartida, o SCF, em combinação com Skp2, dirige a destruição de p21Cip1 e p27Kip1 e promove a entrada no ciclo celular.13] e Landis et al [14] sugerem que a inibição de CDK4 pode ser benéfica para doentes com cancro da mama iniciado por ErbB-2 [10]. O complexo CDK4/CyclinD1 como alvo de medicamentos anticancerígenos foi validado em células de cancro da mama MCF-7 [15].

NFκB
STAT
Wnt/β-catenin
MAPK
ER/PR/AR
PI3K/Akt
Cyclin D
CDK4/6
p16
p21
p53
P
RB
RB
E2F
Active
M
G1
G0
G2
S
E2F
Gene transcription

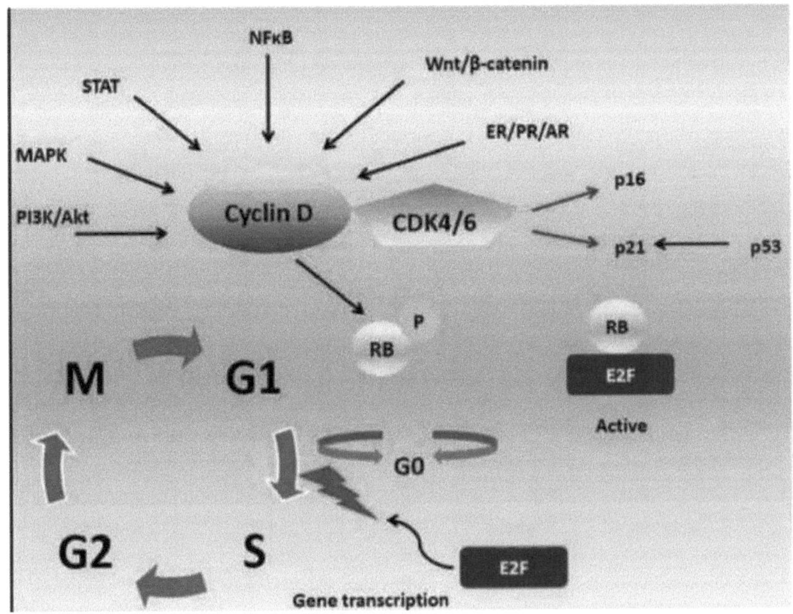

Fig no 1

1.2 Introdução aos medicamentos (derivados do indenopyrazole)

A estrutura do indenopirazol é uma estrutura heterocíclica de três anéis constituída por um anel benzénico, um anel central de cinco membros e um grupo pirazol, como se mostra na figura A. A fração de pirazol pode tautomerizar-se e um indenopirazol pode existir em duas formas tautoméricas, como se mostra na figura B. Os indenopirazóis demonstraram várias actividades biológicas, como antipsicótica, antimicobacteriana e anticancerígena. Nos últimos anos, os indenopirazóis têm sido amplamente utilizados como "estrutura preferida" na conceção de agentes

Figura A

Figura B

anticancerígenos que visam múltiplos alvos tumorais.

1.2 Introdução à conceção de medicamentos :

Em geral, os novos medicamentos só eram descobertos após um processo de tentativa e erro. Qualquer coisa considerada como tendo valor medicinal para uma doença específica podia ser testada em doentes para determinar a sua eficácia. Os investigadores purificaram os compostos activos das preparações vegetais conhecidas pelas suas propriedades medicinais e elucidaram as estruturas desses compostos activos. A ciência da conceção de medicamentos progrediu graças aos progressos da biologia molecular e da bioquímica, que permitiram desenvolver os conceitos de genes e de relações ligando-recetor. O avanço mais importante ocorreu com o aparecimento da genómica, da proteómica e o desenvolvimento da bioinformática e da quimioinformática [16]. O conceito e as técnicas de rastreio em grande escala, que podem ser aplicados para identificar genes e proteínas relacionados com doenças, foram introduzidos principalmente na genómica e na proteómica, bem como na bioinformática e na quimioinformática, para descobrir métodos de processamento de dados em grande escala e de experimentação in silico [16].

O objetivo da conceção de medicamentos é selecionar uma proteína-alvo da etiologia de uma doença e encontrar compostos que interajam com esse alvo, de modo a ativar ou bloquear o alvo em questão. As alterações na atividade da proteína-alvo influenciam uma série de reacções e conduzem a um melhor resultado clínico. Uma vez identificado um alvo adequado, inicia-se o processo de conceção do medicamento. A informação sobre a estrutura tridimensional e os locais activos da proteína-alvo pode ser obtida por cristalografia de raios X, ressonância magnética nuclear ou bases de dados de estruturas tridimensionais. Esta abordagem é conhecida como "conceção de medicamentos baseada na estrutura" [17]. As técnicas mais frequentemente utilizadas nesta abordagem são a simulação de acoplamento e de dinâmica molecular. Os ligandos potentes podem ser encontrados através do rastreio de uma base de dados de moléculas utilizando software de acoplamento. A simulação da dinâmica molecular ajuda a determinar o modo como uma molécula interage com a proteína-alvo e também determina outras propriedades da própria molécula, como a permeabilidade da membrana. Em alguns casos, quando a estrutura tridimensional de uma proteína-alvo não está disponível, a conceção de medicamentos pode ser efectuada utilizando os ligandos conhecidos de uma proteína-alvo como ponto de partida. Esta abordagem é conhecida como "conceção de medicamentos baseada em ligandos" [18]. As abordagens de semelhança molecular, as relações quantitativas estrutura-atividade (QSAR) e os modelos de farmacóforos são métodos frequentemente utilizados no processo de conceção de medicamentos com base em ligandos. As caraterísticas estruturais comuns dos ligandos podem ser encontradas utilizando modelos de farmacóforos, que podem depois ser utilizados para selecionar moléculas com caraterísticas semelhantes. Para prever a atividade de uma molécula, podem ser construídos modelos utilizando QSAR. Embora um modelo de farmacóforo só possa indicar as caraterísticas de um ligando ativo que promovem a atividade, a relação entre as propriedades químicas ou físicas do ligando e a atividade biológica pode ser estudada em mais pormenor utilizando o modelo QSAR[19],

1.2.1 Farmacóforo :

De acordo com Ehrlich, o "farmacóforo" é definido como uma "estrutura molecular que contém as caraterísticas essenciais responsáveis pela atividade biológica de um fármaco": "uma estrutura molecular que contém as caraterísticas essenciais responsáveis pela atividade biológica de um fármaco" [20] [21] [22] [23], o que significa que um farmacóforo define as caraterísticas importantes que um ligando ativo deve possuir. O tipo de caraterística, a posição e a direção de um ligando ativo e quaisquer restrições estéricas sobre o composto ativo são codificados num modelo de farmacóforo. Um farmacóforo tridimensional reflecte os aminoácidos-chave que estão posicionados no sítio ativo de uma proteína-alvo[22]. Quando um ligando se liga à proteína-alvo na conformação correta e interage com os resíduos de aminoácidos essenciais, a conformação da proteína pode mudar ou ficar bloqueada, dependendo do mecanismo de interação ligando-proteína. Pode ser gerado um modelo de farmacóforo a partir de um conjunto de ligandos conhecidos ou podem também ser utilizados dados sobre a estrutura tridimensional das proteínas ou dos complexos proteína-ligando, combinados com informações sobre os sítios activos, para modelar um farmacóforo[24],

1.2.1.1 Validação de farmacóforos

O principal objetivo da validação dos modelos farmacofóricos gerados é estudar a sua capacidade de estimar a atividade de novos compostos identificados através do rastreio da base de dados ou concebidos de novo. O modelo farmacofórico selecionado é validado utilizando três métodos baseados nos componentes de custos derivados, na capacidade de previsão do conjunto de testes, nos resultados do teste de aleatorização de Fischer e no método leave-one-out. Uma diferença maior entre os custos fixos e os custos zero do que entre os custos fixos e os custos totais indica a qualidade de um modelo farmacofórico. O método de validação verifica a correlação entre as estruturas químicas e a atividade biológica e gera modelos farmacóforos utilizando os mesmos parâmetros que os utilizados para desenvolver o modelo farmacóforo original, aleatorizando os dados de atividade dos compostos no conjunto de treino [25]. Os modelos de farmacóforos são amplamente utilizados para obter inibidores específicos de proteínas relacionadas com doenças, incluindo receptores acoplados à proteína G, enzimas e canais iónicos.

1.3   Pipeline de descoberta de medicamentos :

Uma reserva de descoberta de medicamentos é o conjunto de moléculas de medicamentos que uma empresa farmacêutica está a descobrir ou a desenvolver, o que envolve várias fases que podem ser agrupadas em 4 etapas:

- Descobrir

Este é o processo de descoberta de medicamentos, que envolve a identificação de moléculas líderes, a síntese, a caraterização, o rastreio e os testes de eficácia terapêutica. Se um composto tiver demonstrado o seu valor nestes testes, iniciar-se-á o processo de desenvolvimento do medicamento antes dos ensaios clínicos [26].

- Pré-clínico

Antes de testar um medicamento em seres humanos, os investigadores devem determinar se este é suscetível de causar danos graves, também conhecidos como toxicidade [27]. Existem dois tipos de investigação pré-clínica:

- In Vitro

- Ao vivo

- Ensaios clínicos[28][29][30] e

- Comercialização (ou pós-aprovação) [31]

Fig. 2: A cadeia de descoberta de medicamentos

1.5   QSAR e seus tipos :

Os modelos de relação quantitativa estrutura-atividade (modelos QSAR) são uma ferramenta fundamental na bioinformática, em particular no domínio da química medicinal para o desenvolvimento de medicamentos. Trata-se de modelos de regressão que relacionam um conjunto de variáveis "preditoras" (X) com o valor categórico da variável "resposta" (Y). Estes modelos mostram a relação entre as estruturas químicas e a atividade biológica num conjunto de dados de substâncias químicas, a fim de obter um modelo estatístico fiável para prever as actividades de novas entidades químicas.

Os modelos QSAR utilizam métodos de regressão relativamente simples para analisar conjuntos de dados muito grandes, constituídos por milhares de estruturas moleculares diferentes, utilizando uma vasta gama de técnicas estatísticas e computacionais. Trata-se de uma das técnicas mais utilizadas para modelizar as propriedades físicas e biológicas das substâncias químicas [32].

Quando as propriedades físico-químicas ou as estruturas são expressas em números, é possível encontrar uma relação matemática, ou uma relação quantitativa estrutura-atividade, entre as duas para prever a resposta modelada de outras estruturas químicas.

A atividade num modelo QSAR é calculada através da seguinte fórmula:

- O erro inclui o erro do modelo (enviesamento) e a variabilidade das observações mesmo com um modelo correto [33].

1.3.1 Tipos de QSAR :

Descritores 2D para modelação QSAR (2D QSAR)

A representação bidimensional de uma molécula, normalmente conhecida como representação topológica, define a conetividade dos átomos na molécula em termos da presença e natureza das ligações químicas. Esta representação bidimensional é utilizada para definir o que se designa por descritores moleculares 2D. As principais vantagens destes parâmetros QSAR são que (i) contêm informações simples e úteis sobre a estrutura molecular, (ii) são invariantes à rotação da molécula e (iii) podem ser calculados sem otimização da estrutura. Em geral, os descritores 2D não caracterizam de forma única a topologia molecular e, consequentemente, nem sempre permitem a reconstrução da molécula. Por conseguinte, podem ser utilizadas sequências ordenadas de descritores 2D adequadamente definidos para caraterizar as moléculas com maior discriminação.

Um grafo molecular é uma representação topológica de um composto químico; é geralmente representado por G = (V, E), em que Visa é o conjunto de vértices correspondentes aos átomos da molécula e E é um conjunto de elementos que representam a relação binária entre pares de vértices; os pares de vértices não ordenados são chamados arestas, que correspondem às ligações entre átomos. Quando um grafo molecular é obtido excluindo todos os átomos de hidrogénio, é designado por grafo molecular pobre em H, enquanto um grafo molecular em que os átomos de hidrogénio também são incluídos é designado por grafo molecular cheio de H (ou, mais simplesmente, um grafo molecular).

As matrizes de teoria dos grafos são a ferramenta matemática mais comum para codificar a informação estrutural fornecida pelos grafos moleculares, tendo sido proposto um grande número de matrizes nas últimas décadas. As matrizes de teoria dos grafos podem ser matrizes de vértices, se as linhas e colunas se referirem aos vértices do grafo (átomos) e os elementos da matriz codificarem certas propriedades dos pares de vértices, ou matrizes de arestas, se as linhas e colunas se referirem às arestas do grafo (ligações) e os elementos da matriz codificarem certas propriedades dos pares de arestas. As entradas fora da diagonal da matriz codificam diferentes informações sobre os pares de vértices, como a sua conetividade (matriz de adjacência), distâncias topológicas (matriz de distância) e as somas dos pesos dos átomos ao longo dos caminhos de ligação (matrizes ponderadas). As entradas diagonais da matriz podem ser iguais a zero ou codificar informações químicas sobre os vértices (matrizes aumentadas); para além das propriedades atómicas mais comuns, os invariantes locais dos vértices, que são quantidades numéricas derivadas da topologia molecular e utilizadas para caraterizar as propriedades dos átomos na molécula (por exemplo, o grau do vértice, a soma das distâncias entre vértices, a excentricidade do átomo), são frequentemente encontrados como pesos atómicos.

Os invariantes gráficos são quantidades matemáticas derivadas de uma representação gráfica da molécula e que representam propriedades da teoria dos grafos que são preservadas por isomorfismo, ou seja, propriedades com valores idênticos para grafos isomórficos. Um invariante gráfico pode ser um polinómio caraterístico, uma sequência de números ou um índice numérico único obtido através da aplicação de operadores algébricos a matrizes da teoria dos grafos, cujos valores são independentes da numeração ou rotulagem dos vértices. Nos últimos anos, foram propostas e aplicadas a várias matrizes moleculares e esquemas de ponderação várias fórmulas e algoritmos relativos à informação de grafos moleculares, o que conduziu a várias novas classes de invariantes de grafos relacionados [34]

Os índices simples derivados de um gráfico molecular são geralmente designados por índices topológicos. Trata-se de quantificadores numéricos da topologia molecular que são derivados matematicamente de uma forma direta e inequívoca a partir do gráfico estrutural de uma molécula. Podem ser sensíveis a uma ou mais caraterísticas estruturais da molécula, como o tamanho, a forma, a simetria, a ramificação e a ciclicidade, e podem também codificar informações químicas sobre o tipo de átomo e a multiplicidade da ligação. De facto, os índices topológicos são geralmente divididos em duas categorias: índices topoestruturais e índices topoquímicos. Os índices topoestruturais codificam apenas informações sobre a contiguidade e as distâncias entre átomos na estrutura molecular; os índices topoquímicos quantificam informações sobre a topologia, mas também propriedades químicas específicas dos átomos, como a sua identidade química e o seu estado de hibridação. Os índices topológicos baseiam-se principalmente nas distâncias entre os átomos calculadas pelo número de ligações intermédias e são, por conseguinte, considerados índices de ligação direta; diferem dos descritores geométricos que, pelo contrário, são considerados índices de espaço direto porque se baseiam em distâncias interatómicas geométricas.

Outra classe importante de invariantes de grafos é representada pelos chamados índices de autocorrelação. Estes índices foram introduzidos pela primeira vez por Moreau-Broto[35] em 1980 para definir uma relação entre átomos em função da sua separação espacial; Consonni e Todeschini[36] analisam os descritores de autocorrelação. Os descritores de autocorrelação mais comuns podem ser obtidos considerando os átomos da molécula como um conjunto de pontos discretos no espaço e uma propriedade atómica como a função avaliada nesses pontos. O descritor de autocorrelação é então a integração dos produtos da função calculada no átomo x e no átomo x + k, em que κ é o desvio, ou seja, a distância topológica. Este descritor exprime a forma como os valores numéricos da função em intervalos iguais ao desvio estão correlacionados.

Randic sugeriu[37] uma lista de atributos para índices topológicos que devem: 1) ter uma interpretação estrutural, 2) estar bem correlacionados com pelo menos uma propriedade, 3) preferencialmente discriminar isómeros, 4) poder ser aplicados à estrutura local, 5) preferencialmente ser independentes, 6) ser simples, 7) não se basear em propriedades experimentais, 8) não estar trivialmente relacionados com outros descritores, 9) poder ser construídos eficientemente, 10) usar conceitos estruturais familiares, 11) ter uma dependência correta do tamanho, 12) mudar gradualmente com a mudança gradual das estruturas. A maioria dos descritores topológicos tem as caraterísticas acima referidas, razão pela qual têm sido amplamente utilizados para caraterizar a semelhança/dissemelhança estrutural das moléculas e na modelação QSAR/QSPR.

Descritores 3D para modelação QSAR (3D QSAR)

Tomadas à letra, muitas expressões QSAR sugerem que a seletividade biológica resulta da formação, por cada alvo, de interações altamente específicas, tais como ligações de hidrogénio com um ligando. No entanto, parece também que as preferências de ligação dos ligandos resultam principalmente de efeitos de campo não covalentes exercidos na vizinhança espacial destes ligandos. A amostragem sistemática destas diferenças de campo deverá permitir obter descritores moleculares particularmente adequados para QSAR. Foi esta visão que motivou a criação da QSAR 3D, na sua formulação original e ainda predominante, CoMFA[38].

O desafio mais significativo associado à implementação do CoMFA foi o conflito entre os milhares de descritores moleculares necessários para obter uma amostra de um campo de ligandos e as poucas respostas biológicas, uma situação quase herética quando comparada com os preceitos familiares da boa prática de QSAR, tal como descrito em pormenor noutra parte desta análise. Assim, o evento decisivo no desenvolvimento do CoMFA foi uma discussão privada na conferência QSAR Gordon de 1982, na qual Wold explicou pela primeira vez a abordagem PLS a Cramer[39] Mais de dez mil referências a "3D QSAR" e/ou "CoMFA", que uma pesquisa no Google Scholar produz atualmente, incluindo relatórios consistentes de previsões de potência bem sucedidas, sugerem que o PLS tem sido de facto útil na descrição de diferenças biológicas como efeitos de diferenças nos campos de ligandos[40],[41].[No entanto, os contrastes entre a metodologia QSAR 3D e estes preceitos QSAR permanecem: para além deste rácio sacrílego entre o número de descritores e o número de estruturas, um modelo CoMFA requer uma forte colinearidade das variações dos campos de ligandos para ser robusto, enquanto o escalonamento automático dos descritores moleculares em QSAR 3D pode impedir a geração de um modelo bem sucedido.

O maior desafio do CoMFA está relacionado com o protocolo de alinhamento dos ligandos no conjunto de treino e no conjunto de teste, bem como com a seleção da conformação e orientação de cada ligando a incluir no modelo QSAR. Na prática, esta tarefa pode muitas vezes tornar-se numa procura lenta, entediante e algo ad hoc de critérios estatísticos mais elevados (por exemplo, valor q2). No entanto, tendo em conta as muitas incertezas (incluindo as potências biológicas a ajustar), a rudeza da amostragem do campo de ligandos, a representatividade estrutural de qualquer seleção de conjunto de treino, bem como a subjetividade inevitável dos alinhamentos individuais dos ligandos, não é adequado concentrar-se no q2 como medida da qualidade comparativa do modelo (por oposição a um limiar de aceitabilidade do modelo). Em vez disso, deve ser considerado que cada modelo QSAR estatisticamente aceitável, resultante da variação sistemática na composição (e alinhamento) do conjunto de treino, representa uma interpretação alternativa válida e que a exploração de quaisquer diferenças entre estes modelos pode melhorar a compreensão dos efeitos causais das diferenças no terreno. Naturalmente, o benefício potencial dessa exploração também depende do custo de gerar cada modelo individual, o que favorece metodologias de alinhamento automáticas e robustas.

Os requisitos da modelação QSAR 3D para operar com descritores 3D e a metodologia PLS contribuíram para a disponibilidade das suas extensões metodológicas, que dependem de fornecedores de software especializados. Por exemplo, o CoMSIA[42], que alarga a variedade de campos de ligandos dos efeitos estéricos e electrostáticos do CoMFA à ligação de hidrogénio e aos efeitos hidrofóbicos, está disponível na Tripos. A utilização de restrições farmacóforas para facilitar a RQSA 3D tendo em conta conformações múltiplas, com base no software original de geração de campos moleculares GRID[43], é fornecida por uma família de programas da Molecular Discovery[44],[45] O software Cresset utiliza extremos em campos de ligandos como guias no alinhamento de ligandos[46].[Duas abordagens que utilizam um campo-alvo biológico complementar para aperfeiçoar os modelos QSAR 3D baseados em ligandos são os programas COMBINE[47] e AFMoC[48]; duas outras metodologias QSAR 3D pioneiras, HASSLE e MSTD[49], são também dignas de menção. Por último, embora se trate mais de uma abordagem "pseudo-recetor" do que de uma abordagem QSAR 3D (a última encarnação da metodologia pioneira COMPASS 3D QSAR), o QMOD[50] é muito promissor.

É de notar que nenhuma destas inovações, por muito úteis que sejam, reduziu significativamente o estrangulamento do alinhamento dos ligandos na QSAR 3D. De facto, à medida que a nossa compreensão da física da interação ligando-alvo melhora, os critérios para alinhamentos físico-químicos meritórios tornam-se menos certos. Mesmo a estrutura de um ligando ligado ao alvo, que não pode competir com a QSAR 3D como fonte de inspiração estrutural, está a ser posta em causa como "padrão de ouro" para a QSAR 3D por uma consciência crescente de que as interações dinâmicas dos ligandos, que podem ser essenciais para a atividade selectiva in vivo, podem ser invisíveis no ambiente cristalino não fisiologicamente estático.

Ao considerar e desenvolver qualquer metodologia, não devemos perder de vista a base fundamental de toda a investigação QSAR: a única causa possível de qualquer diferença na atividade biológica entre duas estruturas é a sua diferença estrutural - independentemente da complexidade das interações físico-químicas e biológicas que ligam esta diferença estrutural a um efeito biológico observado. E a base da QSAR 3D é que esta diferença causal na estrutura do ligando é melhor expressa, primária e inicialmente, como uma diferença causal nos campos do ligando. Estas considerações sugerem um objetivo diferente no alinhamento dos ligandos para efeitos de QSAR 3D: minimizar a importância relativa dos pontos de grelha distantes de qualquer diferença estrutural do ligando e, por conseguinte, não causais, alinhando os ligandos no conjunto de treino e no conjunto de teste de forma a maximizar a sobreposição estérica das suas metades estruturalmente idênticas.

Como resultado, surgiram dois novos métodos para os alinhamentos QSAR 3D, o protocolo topomer61 e o protocolo 'template', que ainda está a evoluir[51]. Ambas as abordagens são extremamente fáceis, convertendo, de facto, a QSAR 3D de uma das abordagens CADD mais entediantes e, por conseguinte, dispendiosas, numa das mais fáceis, prestes a tornar-se quase totalmente automatizável. Mais importante ainda, o desempenho preditivo relatado do protocolo topomérico em projectos de descoberta tem sido uniformemente encorajador. A similaridade topomérica previu consistentemente a similaridade biológica, por exemplo, em aplicações publicadas de lead-hopping[52] e off-target[53]. E o erro padrão de pIC50, derivado de 144 previsões seguidas de síntese e teste em quatro organizações de descoberta diferentes, foi relatado como sendo um extraordinariamente baixo 0,6 (ou, expresso como um erro em rácios de potência previstos, 4x)[54]-[55].

A prática de QSAR 3D está intrinsecamente limitada a modelos locais (tal como definido noutro ponto). No entanto, é de esperar que, com a recente expansão explosiva das bases de dados públicas, como a ChEMBL e a PubChem, e com a evolução dos protocolos de alinhamento, esta limitação se desvaneça lentamente [56]. Um indicador encorajador desta evolução é a utilização de modelos QSAR 3D (topómero CoMFA) derivados inteiramente de dados SAR PubChem para ultrapassar com êxito a responsabilidade do citocromo P450 (CYP) na conceção de medicamentos[57].

1.3.2 Construção de um modelo QSAR :

O processo de construção de um modelo QSAR começa com a recolha de ligandos e respectivas actividades em bases de dados ou na literatura. Os descritores são calculados e selecionados antes de se escolher um método de modelização matemática e de se utilizarem os dados do ligando para construir os modelos QSAR, seguidos de testes através de procedimentos de validação internos e externos. Em geral, os valores de IC s (concentração inibitória semimáxima), EC s (concentração efectiva semimáxima) e K (constante de inibição) são normalmente utilizados para quantificar a atividade de um fármaco. A quantificação da atividade do ligando, tal como utilizada nos QSAR, não se limita aos parâmetros farmacocinéticos, uma vez que outros índices de atividade podem também ser incorporados no modelo, dependendo dos fenómenos que se pretendem prever. A verificação não diz respeito apenas à estrutura, como na construção do modelo farmacofórico, mas também aos dados de atividade do ligando. Todos os dados de atividade provêm do mesmo procedimento experimental ou ensaio, sendo preferível que os dados provenham do mesmo laboratório, ou mesmo do mesmo investigador. Antes de construir um modelo QSAR, são determinados os descritores da estrutura do ligando. Alguns descritores obtidos diretamente a partir de fontes de dados ou calculados através de operações aritméticas simples, como o número específico de átomos, o comprimento da cadeia molecular, a massa molecular, etc., são tidos em conta. Outros descritores exigem cálculos complexos, como os descritores baseados na farmacopeia, os descritores de campo molecular, que derivam da interação entre sondas e moléculas e são utilizados no CoMFA e no CoMSIA, e os descritores espectrais derivados do espetro de infravermelhos do ligando. É importante que os descritores estejam relacionados com a atividade biológica ou química que o modelo está a ser utilizado para prever, caso contrário são suprimidos. Uma vez preparados o índice de atividade (a variável dependente) e os descritores (as variáveis independentes) para cada ligando, constrói-se um modelo selecionando um método de seleção de variáveis e um método de modelização. Se dois descritores representarem um parâmetro biológico ou químico semelhante, um deles é ignorado. São utilizados algoritmos genéticos, análise de componentes principais, redes neurais artificiais e abordagens do vizinho mais próximo para selecionar descritores. Se for assumido um modelo linear, são utilizados alguns métodos estatísticos convencionais, como os mínimos quadrados parciais e a regressão linear múltipla. Se for preferido um modelo não linear, são aplicados métodos de aprendizagem automática, como redes neuronais artificiais ou máquinas de vectores de apoio. As variações entre os algoritmos QSAR frequentemente utilizados residem no seu método de geração de descritores. Por exemplo, a maioria dos algoritmos QSAR, como o CoMFA, o CoMSIA, o CoMMA e o HypoGen, utiliza modelos estatísticos lineares semelhantes para descrever a relação entre a atividade e os descritores, que são calculados por processos diferentes. No CoMFA e no CoMSIA, as moléculas pré-alinhadas são colocadas numa grelha ou rede. Os descritores são calculados pela interação da molécula e é colocada uma sonda em cada intersecção da grelha. As diferenças entre o CoMFA e o CoMSIA residem na utilização de diferentes sondas e funções de cálculo da interação. No CoMFA, apenas são utilizadas sondas que representam interações estéricas e electrostáticas. No CoMSIA, são também selecionadas sondas que representam interações hidrofóbicas e ligações de hidrogénio, para além das interações estéricas e electrostáticas. Além disso, o CoMSIA utiliza uma função de tipo gaussiano para calcular a interação sonda-molécula. Ao utilizar uma função tão suave, o valor do resultado é mais razoável do que a função utilizada no CoMFA, e a definição de um limite de corte para eliminar valores inválidos já não é necessária. Os descritores moleculares utilizados no CoMMA são gerados através do cálculo dos momentos espaciais das moléculas. Em contrapartida, o valor de ajuste é a única fonte de descritores utilizada no processo de geração do modelo HypoGen. O valor de ajuste descreve a qualidade do alinhamento entre um ligando e um modelo de farmacóforo e é obtido a partir de um modelo de farmacóforo gerado e optimizado utilizando dados conhecidos de estrutura e atividade. O modelo é então validado antes de prever a atividade. São utilizados alguns métodos populares para validar um modelo QSAR, incluindo abordagens de validação interna (como os métodos de validação cruzada leave-one-out ou leave-n-out) e abordagens de validação externa. Na validação cruzada, um (leave-one-out) ou mais (leave-n-out) ligandos do conjunto de treino são excluídos. Os dados excluídos são previstos pelo modelo construído com os dados reduzidos do conjunto de treino. Estas etapas são repetidas até que todos os dados tenham sido excluídos e previstos, e a potência de um modelo é determinada pela exatidão da previsão. A validação externa é um método amplamente utilizado e é considerado importante na cadeia de construção QSAR. Na validação externa, a capacidade do modelo é testada utilizando dados que não estão incluídos no conjunto de treino, em contraste com a validação interna, que utiliza dados do conjunto de treino para validar o modelo. Na maioria dos estudos, tanto a validação interna como a externa são efectuadas para garantir a fiabilidade do modelo. Quando o modelo tiver passado todos estes testes de validação rigorosos, pode ser utilizado para prever a atividade de novas moléculas.

1.3.3 Aplicações QSAR :

A QSAR é amplamente utilizada quando é necessário um modelo de previsão. No trabalho de De

Melo, foi desenvolvido um modelo PC (componente principal)-SAR para prever se uma molécula é ativa e um modelo PLS (mínimos quadrados parciais)-QSAR para prever o grau de atividade de um composto ativo [58]. O autor validou o modelo QSAR utilizando abordagens de validação interna (o método "leave-n-out") e externa. A partir de ambos os modelos, o autor encontrou várias propriedades químicas importantes que contribuíram para a atividade da molécula. Outro exemplo deste tipo de método é a análise QSAR dos inibidores de CCR2, efectuada por Saghaie et al [59]. O CCR2 é um recetor de quimiocina acoplado à proteína G que é importante em certas doenças inflamatórias. Neste estudo, os autores utilizaram um algoritmo genético para selecionar os descritores-chave e, em seguida, construíram o modelo QSAR utilizando uma abordagem de regressão linear múltipla por etapas. O modelo foi validado de acordo com a literatura [60], tanto internamente (utilizando os métodos leave-one-out e leave-five-out) como externamente. No entanto, não foram fornecidos dados de bioensaios neste estudo.

Num estudo realizado por Obiol-Pardo et al [61], dois modelos QSAR foram incorporados num sistema de simulação em várias escalas concebido para prever a cardiotoxicidade induzida por medicamentos com base nas interações das moléculas de medicamentos com dois canais de potássio, hERG e KCNQ1. Inicialmente, foi efectuada uma simulação de acoplamento para determinar a conformação ativa dos ligandos. Foram construídos modelos QSAR, utilizando descritores baseados em campos, para cada canal de potássio, utilizando o método dos mínimos quadrados parciais. Os modelos QSAR foram validados internamente (utilizando o método leave-one-out) e externamente após a construção do modelo. Os valores IC dos fármacos que actuam no hERG e no KCNQ1 previstos pelos modelos QSAR foram utilizados como entrada para dois modelos previamente estudados, que podiam prever a duração do potencial de ação e o pseudo-ECG (para extração do intervalo QT), respetivamente. Foi relatado que a arritmia induzida por medicamentos afecta o intervalo QT e a duração do potencial de ação. Utilizando este modelo multi-escala, a cardio-toxicidade de um novo fármaco foi avaliada sem utilizar ensaios in vitro ou in vivo.

1.4 Ancoragem molecular e seus tipos :

A conclusão do Projeto Genoma Humano conduziu a um número crescente de novos alvos terapêuticos para o desenvolvimento de medicamentos. No entanto, foram desenvolvidas e implementadas técnicas de purificação de proteínas de elevado rendimento, cristalografia e espetroscopia de ressonância magnética nuclear para determinar os pormenores estruturais das proteínas e dos complexos proteína-ligando. Estes avanços permitiram que as estratégias computacionais penetrassem em todos os aspectos da descoberta de medicamentos [62][63], como as técnicas de rastreio virtual (VSS) [64] para a identificação de resultados e os métodos de otimização de resultados. O rastreio virtual é uma abordagem mais direta e racional da descoberta de fármacos do que o tradicional rastreio experimental de alto rendimento e tem a vantagem de ser um rastreio eficiente e de baixo custo [65][66]. Quando se conhece um conjunto de moléculas de ligandos activos ou não se dispõe de informações estruturais sobre os alvos, podem ser utilizados métodos baseados em ligandos, como a modelização de farmacóforos e os métodos de relação quantitativa estrutura-atividade (QSAR). Para a conceção de medicamentos com base na estrutura, o acoplamento molecular é o método mais comum e tem sido amplamente utilizado [67]. Foram desenvolvidos programas baseados em diferentes algoritmos para efetuar estudos de acoplamento molecular, o que fez do acoplamento um instrumento cada vez mais importante na investigação farmacêutica. Foram publicadas várias revisões excelentes de docking [63][68][69], e foram efectuados numerosos estudos comparativos para avaliar o desempenho relativo dos programas [70][71],

A abordagem de docagem molecular é utilizada para modelar a interação entre uma pequena molécula e uma proteína a nível atómico, o que nos permite caraterizar o comportamento das pequenas moléculas no local de ligação das proteínas-alvo e também elucidar processos bioquímicos fundamentais [72]. O processo de acoplamento envolve duas etapas fundamentais: a previsão da conformação do ligando e da sua posição e orientação nesses sítios, e a avaliação da afinidade de ligação. Estas duas etapas estão ligadas, respetivamente, a métodos de amostragem e a sistemas de pontuação.

Quando a localização do local de ligação é conhecida antes dos processos de acoplamento, a eficiência do acoplamento é consideravelmente aumentada. Em muitos casos, o local de ligação é conhecido antes de os ligandos serem acoplados. A informação sobre o local de ligação também pode ser obtida comparando a proteína alvo com uma família de proteínas que partilham uma função semelhante ou com proteínas co-cristalizadas com outros ligandos. Na ausência de conhecimentos sobre os sítios de ligação, podem ser adoptados programas de deteção de cavidades ou servidores em linha, tais como GRID[73][74], POCKET[75], SurfNet[76][77], PASS[78] e MMC[79], para identificar sítios activos putativos nas proteínas. Os primeiros métodos de acoplamento comunicados [80] baseavam-se na teoria proposta por Fischer, em que o mecanismo de ligação ligando-recetor é explicado pela hipótese da fechadura e chave, em que o ligando se encaixa no recetor como uma fechadura e chave, sendo o ligando e o recetor tratados como corpos rígidos. Em segundo lugar, a teoria do "ajuste induzido" [81][82] proposta por Koshland afirma que o sítio ativo da proteína é continuamente remodelado pelas interações com os ligandos à medida que estes interagem com a proteína. Esta teoria sugere que o ligando e o recetor são tratados como elementos flexíveis durante a acoplagem. Consequentemente, poderia descrever os eventos de ligação com mais exatidão do que o tratamento rígido.

1.4.1 Teoria da ancoragem

O objetivo da docagem molecular é prever a estrutura do complexo ligando-recetor utilizando métodos computacionais. O docking pode ser efectuado em duas etapas interligadas:

1.   Amostragem das conformações do ligando no sítio ativo da proteína.

2.   Classificação destas conformações através de uma função de pontuação.

1.6.1.1 Algoritmos de amostragem

Existe um grande número de modos de ligação possíveis entre duas moléculas, devido aos seis graus de liberdade translacionais e rotacionais, bem como aos graus de liberdade conformacionais do ligando e da proteína. Uma vez que é demasiado dispendioso calcular todas as conformações possíveis, foram desenvolvidos vários algoritmos de amostragem, amplamente utilizados no software de acoplamento molecular.

Alguns algoritmos de amostragem :

Os algoritmos de correspondência baseados na forma molecular (MA) [83][84] mapeiam um ligando para um local ativo de uma proteína em termos de caraterísticas de forma e informação química. A proteína e o ligando são representados como farmacóforos. A distância do farmacóforo dentro da proteína e do ligando é calculada para uma correspondência; as novas conformações do ligando são então regidas pela matriz de distância entre o farmacóforo e os átomos correspondentes do ligando. As propriedades químicas, como os dadores e aceitadores de ligações de hidrogénio, são tidas em conta durante o emparelhamento. Devido à sua rapidez, os algoritmos de emparelhamento podem ser utilizados para enriquecer compostos activos a partir de grandes bibliotecas [85]. Os algoritmos de emparelhamento para a acoplagem de ligandos estão disponíveis nos programas DOCK [86], FLOG [87], LibDock [88] e SANDOCK [89].

Os métodos de construção incremental (IC) [90][91][92] colocam o ligando num sítio ativo de forma fragmentada e incremental. O ligando é dividido em fragmentos através da quebra das suas ligações rotacionais e, em seguida, um destes fragmentos é selecionado para ancorar primeiro no local ativo. Este ponto de ancoragem é geralmente o fragmento mais importante ou a peça que pode ter um papel funcional significativo ou interação com a proteína. Os outros fragmentos são então adicionados progressivamente. São geradas diferentes orientações para se adaptarem ao sítio ativo, permitindo a concretização da flexibilidade do ligando. O método de construção progressiva foi utilizado no DOCK 4.0 [93], FlexX [94], Hammerhead [95], SLIDE [96] e eHiTS [97].

Para além da CI, a Multiple Copy Simultaneous Search (MCSS) [98][99] e a LUDI [100] são métodos baseados em fragmentos para a conceção de novo de ligandos e modificações de ligandos conhecidos susceptíveis de melhorar a sua ligação à proteína-alvo. O MCSS produz 1.000 a 5.000 cópias de um grupo funcional, que são colocadas aleatoriamente no local de ligação de interesse e simultaneamente sujeitas a minimização de energia e/ou dinâmica molecular com extinção no campo de força da proteína. As cópias apenas interagem com as proteínas e quaisquer interações entre elas são omitidas. Consequentemente, um conjunto de sítios de ligação e orientações energeticamente favoráveis para o grupo funcional é identificado com base nas energias de interação. O local de ligação é encontrado utilizando diferentes grupos funcionais. Novas moléculas que correspondam perfeitamente ao sítio de ligação podem ser concebidas ligando estes diferentes grupos funcionais.

O LUDI centra-se nas ligações de hidrogénio e nos contactos hidrofóbicos formados entre o ligando e a proteína. O seu conceito central é o de locais de interação, que são posições discretas no espaço adequadas para formar ligações de hidrogénio ou preencher uma bolsa hidrofóbica [100]. É gerado um conjunto de locais de interação, quer através da pesquisa na base de dados, quer através da utilização de regras. O fragmento é então ajustado aos sítios de ligação e avaliado utilizando critérios de distância. A etapa final consiste em ligar alguns ou todos os fragmentos ajustados a uma única molécula.

Os métodos estocásticos procuram o espaço conformacional modificando aleatoriamente a conformação de um ligando ou de uma população de ligandos. Os algoritmos de Monte Carlo (MC) e os algoritmos genéticos são dois algoritmos típicos que pertencem à classe dos métodos estocásticos.

Os métodos de Monte Carlo (MC) [101][102] geram poses de ligandos por rotação de ligação, translação ou rotação de corpo rígido. A conformação obtida por esta transformação é testada utilizando um critério de seleção baseado na energia. Se satisfizer o critério, é guardada e modificada para gerar a conformação seguinte. As iterações continuam até que o número predefinido de conformações tenha sido recolhido. A principal vantagem do método de Monte Carlo é que a alteração pode ser bastante grande, permitindo que o ligando atravesse barreiras energéticas na superfície de energia potencial, o que não é fácil de conseguir com métodos de simulação baseados na dinâmica molecular. Exemplos da aplicação de métodos de Monte Carlo incluem uma versão anterior do AutoDock [103], ICM [104], QXP [105] e Affinity [106].

Os algoritmos genéticos (AGs) [107][108][109] são outra classe bem conhecida de métodos estocásticos. A ideia subjacente aos algoritmos genéticos deriva da teoria da evolução de Darwin. Os graus de liberdade do ligando são codificados sob a forma de cadeias binárias chamadas genes. Estes genes constituem o "cromossoma" que representa a pose do ligando. A mutação e o crossover são dois tipos de operadores genéticos no AG. A mutação introduz alterações aleatórias nos genes, enquanto o crossover troca genes entre dois cromossomas. Quando os operadores genéticos afectam os genes, o resultado é uma nova estrutura do ligando. As novas estruturas são avaliadas por uma função de pontuação e as que excedem o limiar podem ser utilizadas para a geração seguinte. Os algoritmos genéticos foram utilizados no AutoDock [107], GOLD [108], DIVALI [109] e DARWIN [110]. A dinâmica molecular (MD) [111][112] é amplamente utilizada como um método de simulação poderoso em muitos domínios da modelação molecular, uma vez que a sua simulação representa a flexibilidade dos ligandos e das proteínas de forma mais eficaz do que outros algoritmos. A única desvantagem das simulações MD é o facto de progredirem em passos muito pequenos e, por conseguinte, terem dificuldade em atravessar barreiras conformacionais de alta energia, o que pode levar a uma amostragem inadequada. As simulações MD são frequentemente eficazes para a otimização local. Por conseguinte, a estratégia atual consiste em utilizar a pesquisa aleatória para identificar a conformação do ligando, seguida de simulações MD mais subtis.

1.6.1.2 Funções de classificação

O objetivo da função de pontuação é distinguir confirmações corretas de confirmações incorrectas, ou ligantes de compostos inactivos, dentro de um tempo de cálculo razoável. No entanto, as funções de pontuação envolvem a estimativa da afinidade de ligação entre a proteína e o ligando e estas funções ajudam adoptando vários pressupostos e simplificações. As funções de pontuação podem ser classificadas em funções de pontuação baseadas no campo de força, empíricas e baseadas no conhecimento [115].

Exemplos de fórmulas de funções de notação

As funções de notação clássica baseadas em campos de força [113][114] calculam a soma das interações não ligadas (electrostáticas e de van der Waals) e avaliam a energia de ligação. Os termos electrostáticos são calculados utilizando uma formulação coulombiana. Como estes cálculos de cargas pontuais colocam problemas na modelização do ambiente real da proteína, é geralmente utilizada uma função dieléctrica dependente da distância para modular a contribuição das interações carga-carga. Os termos de van der Waals são descritos por uma função potencial de Lennard-Jones. A adoção de diferentes conjuntos de parâmetros para o potencial de Lennard-Jones pode variar a "dureza" do potencial, que controla a proximidade aceitável do contacto entre os átomos da proteína e do ligando. As funções de notação baseadas no campo de forças apresentam o problema da lentidão dos cálculos. A distância de corte é, portanto, utilizada para lidar com interações não ligadas. Isto também leva a uma redução da precisão dos efeitos de longo alcance envolvidos na ligação.

As extensões das funções de notação do campo de forças têm em conta as ligações de hidrogénio, as solvências e as contribuições de entropia. Software como o DOCK [115][116][117][118], GOLD [119] e AutoDock [107] oferecem essas funções aos utilizadores. Existem algumas diferenças no tratamento das ligações de hidrogénio, na forma da função de energia, etc., mas os resultados são muito semelhantes. Além disso, os resultados de acoplamento com funções baseadas em campos de força podem ser refinados com outras técnicas, como a energia de interação linear [120] e os métodos de energia livre perturbativa (FEP) [121][122] para melhorar a precisão da previsão da energia de ligação.

Nas funções de pontuação empíricas [123][124], a energia de ligação é dividida em vários componentes de energia, como a ligação de hidrogénio, a interação iónica, o efeito hidrofóbico e a entropia de ligação. Cada componente é multiplicado por um coeficiente e depois somado para obter uma pontuação final. Os coeficientes são obtidos a partir de uma análise de regressão ajustada a um conjunto de teste de complexos ligando-proteína com afinidades de ligação conhecidas.

As funções de pontuação empíricas têm termos de energia que são relativamente simples de avaliar. No entanto, não é claro que sejam adequadas para complexos ligando-proteína para além do conjunto de treino. Além disso, cada termo nas funções de pontuação empírica pode ser tratado de forma diferente por software diferente e o número de termos incluídos também é diferente. LUDI [125], PLP [126, 127, 128] e ChemScore [129] são exemplos derivados de funções de pontuação empíricas.

As funções de pontuação baseadas no conhecimento [130][131]] utilizam a análise estatística das estruturas cristalinas dos complexos ligando-proteína para obter frequências e/ou distâncias de contacto interatómico entre o ligando e a proteína. Baseiam-se no pressuposto de que quanto mais favorável for uma interação, maior será a sua frequência. Estas distribuições de frequência são depois convertidas em potenciais de tipo atómico por par. A pontuação é calculada favorecendo os contactos preferenciais e penalizando as interações repulsivas entre cada átomo do ligando e da proteína dentro de um determinado limiar.

O atrativo das funções baseadas no conhecimento reside na sua simplicidade computacional, que pode ser explorada para analisar grandes bases de dados de compostos. Podem também modelar algumas interações pouco comuns, como as interações enxofre-aromático ou catião-л, que são frequentemente mal tratadas nas abordagens empíricas. No entanto, continuam a enfrentar o problema de algumas interações estarem sub-representadas em conjuntos de treino limitados de estruturas cristalinas, bem como o enviesamento inerente à seleção de proteínas para uma determinação bem sucedida da estrutura, pelo que os parâmetros resultantes podem não ser adequados para uma utilização generalizada, em especial com interações que envolvam metais ou halogéneos. PMF [130], DrugScore [132], SMoG [133] e Bleep [134] são exemplos de funções baseadas no conhecimento que diferem principalmente na dimensão dos conjuntos de treino, na forma da função de energia, na definição dos tipos de átomos, no limiar de distância ou noutros parâmetros.

A pontuação de consenso [135] é uma estratégia recente que combina uma série de pontuações diferentes para avaliar a conformação de acoplamento. Uma potencial pose de ligando ou ligante pode ser aceite quando tem um bom desempenho em vários esquemas de pontuação diferentes. De um modo geral, a pontuação de consenso melhora substancialmente os enriquecimentos (ou seja, a percentagem de ligações fortes entre os ligandos com pontuação elevada) no rastreio virtual e melhora a previsão de conformações e poses de ligação [136]. No entanto, a previsão das energias de ligação pode ainda ser imprecisa. Além disso, a utilidade da pontuação de consenso diminui quando os termos das diferentes funções de pontuação estão altamente correlacionados [137] [138]. O CScore [136] é um exemplo que combina as funções de pontuação DOCK, ChemScore, PMF, GOLD e FlexX.

As funções de notação típicas enfrentam o problema da previsão da afinidade, em parte devido ao tratamento limitado do efeito de solvatação. Uma forma de resolver este problema é a notação baseada na física, por exemplo, MM-PB/SA e MM-GB/SA (MM significa mecânica molecular, PB e GB para Poisson-Boltzmann e Born generalizado, respetivamente, SA para superfície acessível ao solvente), que está envolvida no realinhamento ou otimização de pistas para melhorar a precisão da previsão da afinidade de ligação. Em alguns estudos, foram obtidos resultados promissores utilizando MM-PB/SA [137][138] ou MM-GB/SA [139]. No entanto, Guimarães e Mathiowetz referiram recentemente que o modelo GB/SA estimava mal a dessolvatação das proteínas nalguns sistemas, enquanto a incorporação do WaterMap no método MM-GB/SA, em vez da dessolvatação das proteínas GB/SA, dava o melhor resultado de classificação [140]. Singh e Warshel compararam vários métodos para avaliar a afinidade dos complexos proteína-ligando e sugeriram que o PDLD/S-LRA/p (aproximação da resposta linear dos dipolos de Langevin dos dipolos da proteína) parece oferecer uma opção atractiva para as fases finais da SV maciça e que, em contrapartida, o PB/SA parece fornecer estimativas erradas das energias de ligação absolutas devido à sua estimativa incorrecta das entropias e ao tratamento problemático das energias electrostáticas [141].

1.6.3 Métodos de amarração

1.6.3.1 Ligação de ligandos rígidos e receptores rígidos

Quando o ligando e o recetor são tratados como corpos rígidos, o espaço de pesquisa é muito limitado, tendo em conta apenas três graus de liberdade de translação e três graus de liberdade de rotação. Neste caso, a flexibilidade do ligando pode ser tida em conta utilizando um conjunto pré-calculado de conformações do ligando, ou permitindo um certo grau de sobreposição átomo-átomo entre a proteína e o ligando. As primeiras versões do DOCK [142], [143], [144], [145], FLOG [146] e alguns programas de acoplamento proteína-proteína, como o FTDOCK [147], adoptaram um método que mantém o ligando e o recetor rígidos durante o processo de acoplamento.

O DOCK é o primeiro procedimento automatizado para ancorar uma molécula num local recetor e está em constante desenvolvimento. Caracteriza o ligando e o recetor como conjuntos de esferas que podem ser sobrepostos utilizando um procedimento de deteção de cliques [148]. São utilizados algoritmos de correspondência geométrica e química, e os complexos ligando-recetor podem ser pontuados tendo em conta a correspondência estérica, a complementação química ou a semelhança farmacofórica. Nas versões melhoradas, o método de construção incremental e a pesquisa exaustiva são acrescentados para ter em conta a flexibilidade do ligando. A pesquisa exaustiva gera aleatoriamente um número de conformadores definido pelo utilizador como um múltiplo do número de ligações rotativas no ligando. Em termos de notação, a última versão do DOCK 6.4 incluiu a notação do campo de forças derivado do AMBER com um solvente implícito [149] e a notação de solvatação GB/SA, PB/SA [140], [150].

O FLOG gera conformações de ligandos com base na geometria da distância e utiliza um algoritmo de pesquisa de cliques para calcular conjuntos de distâncias. Podem ser utilizadas até 25 conformações explícitas de ligandos para ancoragem, proporcionando flexibilidade. O FLOG permite aos utilizadores definir os pontos essenciais que precisam de ser emparelhados com um átomo de ligando. Esta abordagem é útil se uma interação importante já for conhecida antes da ancoragem. As conformações são pontuadas utilizando uma função que tem em conta as interações de van der Waals, electrostáticas, de hidrogénio e hidrofóbicas.

1.6.3.2 Ligandos flexíveis e ancoragem de receptores rígidos

Para os sistemas cujo comportamento segue o paradigma do ajuste induzido [151], [152], é de importância vital ter em conta as flexibilidades do ligando e do recetor, uma vez que, neste caso, tanto o ligando como o recetor alteram as suas conformações para formar um complexo de ajuste perfeito com energia mínima. No entanto, o custo é muito elevado quando o recetor também é flexível. É por isso que a abordagem comum, que é também um compromisso entre a precisão e o tempo de cálculo, consiste em tratar o ligando como flexível enquanto o recetor permanece rígido durante a acoplagem. Quase todos os programas de acoplamento adoptaram esta metodologia, como o AutoDock [153] e o FlexX [154].

O AutoDock 3.0 incorpora métodos de recozimento simulado de Monte Carlo, evolução, algoritmo genético e algoritmo genético Lamarckiano para modelar a flexibilidade do ligando, mantendo a rigidez do recetor. A função de pontuação baseia-se no campo de forças AMBER, incluindo van der Waals, ligações de hidrogénio, interações electrostáticas, entropia conformacional e termos de dessolvatação. Cada termo é ponderado utilizando um fator de escala empírico obtido a partir de dados experimentais. O AutoDock 4.0 é capaz de modelar a flexibilidade do recetor, permitindo o movimento das cadeias laterais. Além disso, a interação proteína-proteína docking pode ser avaliada nesta versão do AutoDock. O AutoDock Vina foi recentemente lançado como a versão mais recente para a acoplagem molecular e o rastreio virtual [155]. Ao reacoplar os 190 complexos recetor-ligando que tinham sido utilizados como conjunto de treino para o AutoDock 4, o AutoDock Vina mostrou simultaneamente uma melhoria exponencial de cerca de duas ordens de grandeza na velocidade e uma precisão significativamente mais elevada da previsão do modo de ligação.

O FlexX utiliza um algoritmo de construção incremental para obter amostras de conformações de ligandos. O fragmento de base é primeiro ancorado no local ativo através da correspondência de pares de ligações de hidrogénio e interações de anéis metal-aromáticos entre o ligando e a proteína. Em seguida, os restantes componentes são construídos gradualmente de acordo com um conjunto de ângulos de torção rotacionais predefinidos para ter em conta a flexibilidade do ligando. A função de pontuação FlexX baseia-se no trabalho de Bohm [156]. A sua versão atual inclui termos para interações electrostáticas, ligações de hidrogénio direcionais, entropia rotacional e interações aromáticas e lipofílicas. As interações entre grupos funcionais também são tidas em conta, atribuindo o tipo e a geometria dos grupos.

1.6.3.3 Ligação de ligandos e receptores flexíveis

Foi demonstrado que a mobilidade intrínseca das proteínas está estreitamente relacionada com o comportamento de ligação do ligando e foi examinada por Teague [157]. A incorporação da flexibilidade dos receptores é um grande desafio na ligação. Idealmente, as simulações MD poderiam modelar todos os graus de liberdade do complexo ligando-recetor. Mas as simulações MD apresentam o problema da amostragem inadequada que mencionámos anteriormente. Outro obstáculo é o seu elevado custo computacional, que impede que este método seja utilizado para o rastreio de grandes bases de dados químicas.

Para além do ajustamento histórico induzido, foram propostos vários modelos teóricos, seleção de conformadores e indução conformacional, para ilustrar o processo flexível de ligação ligando-proteína. Tal como definido por Teague [157], a seleção do transformador refere-se a um processo em que um ligando se liga seletivamente a uma conformação favorável de entre várias conformações da proteína; a indução conformacional descreve um processo em que o ligando converte a proteína numa conformação que esta não adoptaria espontaneamente no estado não ligado. Em alguns casos, esta conversão conformacional pode ser comparada a uma dobragem parcial da proteína.

Estão atualmente disponíveis vários métodos para implementar a flexibilidade do recetor. O mais simples é o chamado "soft-docking" [158], [159], que diminui o termo de energia de repulsão de van der Waals na função de pontuação para permitir um certo grau de sobreposição átomo-átomo entre o recetor e o ligando. Por exemplo, o potencial LJ 8-4 no GOLD e o potencial suave no AutoDock 3.0 pertencem a esta classe. Este método pode não incluir flexibilidade suficiente. No entanto, tem a vantagem da eficiência computacional porque as coordenadas do recetor são fixas, bastando ajustar os parâmetros de van der Waals.

Alguns métodos básicos para incluir a flexibilidade do recetor

Outra abordagem para modelar a flexibilidade dos receptores é a utilização de bibliotecas de rotâmeros [160],[161]. As bibliotecas de rotâmeros incluem um conjunto de conformações de cadeias laterais que são geralmente determinadas a partir da análise estatística de dados estruturais experimentais. A vantagem da utilização de rotâmeros é a relativa rapidez de amostragem e a ausência de barreiras de minimização. O ICM (Internal Coordinates Mechanics) [162] é um programa que utiliza bibliotecas de rotâmeros com uma metodologia de probabilidade tendenciosa [163], combinada com uma pesquisa de Monte Carlo para a conformação do ligando.

O AutoDock 4 [164] adopta um método de amostragem simultânea para lidar com a flexibilidade das cadeias laterais. As cadeias laterais múltiplas do recetor podem ser selecionadas pelos utilizadores e amostradas simultaneamente com um ligando utilizando os mesmos métodos. Outras partes do recetor são tratadas de forma rígida utilizando um mapa de energia de grelha durante a amostragem. O mapa de energia da grelha introduzido por Goodford [165] é utilizado para armazenar a informação de energia do recetor e simplificar o cálculo da energia de interação entre o ligando e o recetor.

Outra forma de lidar com a flexibilidade das proteínas consiste em utilizar um conjunto de conformações proteicas, o que corresponde à teoria da seleção de conformadores [166],[167]. Um ligando é ancorado separadamente num conjunto de conformações proteicas rígidas, em vez de numa única, e os resultados são fundidos em função do método escolhido [168]. Este método foi originalmente implementado no DOCK, que gera uma grelha de energia potencial média do conjunto [166] e é alargado em muitos programas de diferentes formas. Por exemplo, o FlexE [168] monta várias estruturas cristalinas de uma determinada proteína, fundindo partes semelhantes e marcando áreas diferentes como alternativas diferentes. Na construção de ligandos, as conformações discretas das proteínas são amostradas de forma combinatória. A estrutura proteica com maior pontuação é selecionada com base numa comparação entre o ligando e cada alternativa.

O método híbrido é outra estratégia prática para modelizar a flexibilidade dos receptores. Um exemplo é o Glide [169], um programa muito popular no domínio da ligação. O Glide concebe uma série de filtros hierárquicos para procurar possíveis posições e orientações do ligando no local de ligação do recetor. A flexibilidade do ligando é gerida por uma pesquisa exaustiva do espaço do ângulo de torção do ligando. As conformações iniciais do ligando são selecionadas com base nas energias de torção e ancoradas nos locais de ligação do recetor utilizando potenciais suaves. A exploração do rotâmero é depois utilizada para modelar a flexibilidade do recetor [170]. O IFREDA utiliza um método híbrido que combina um potencial suave e múltiplas conformações do recetor, tendo em conta a flexibilidade do recetor. Outros programas, como o QXP [171] e o Affinity [172], efectuam uma pesquisa de Monte Carlo para conformações de ligandos, seguida de uma etapa de minimização. Durante a minimização, permite-se que partes da proteína definidas pelo utilizador se movam para evitar colisões atómicas entre o ligando e o recetor. O SLIDE [173] foi concebido para integrar a flexibilidade com a capacidade de eliminar colisões através da rotação dirigida de uma única ligação do ligando ou das cadeias laterais da proteína. É aplicada uma abordagem de otimização baseada na teoria do campo médio para modelar as complementaridades induzidas entre o ligando e a proteína.

Os métodos acima referidos incluem apenas a flexibilidade das cadeias laterais ou a flexibilidade total do recetor. Sabemos que os loops que formam os sítios activos desempenham um papel importante na ligação do ligando. Em alguns casos, o loop pode sofrer uma alteração conformacional dramática, enquanto noutras partes do recetor há poucas alterações após a ligação do ligando. Nesta situação, os métodos de flexibilidade das cadeias laterais não conseguem obter a conformação correta da proteína e a flexibilidade total parece ser um desperdício computacional.

2. Procedimento de modelação molecular

2.1 Otimização da geometria :

Foram selecionados para este estudo 93 análogos de inibidores da quinase cíclica dependente 4 (cdk4), considerados como bloqueadores eficazes da cdk4. Os valores de IC50 disponíveis na literatura foram utilizados para calcular os valores de pICso ("log IC50") para todos os 99 compostos. Destes 93 análogos de inibidores da cdk4, o composto 2 foi o menos ativo (pICso= 4,3470) e o composto 88 (pICso= 8,3010) foi muito ativo. As estruturas químicas destes 93 análogos do inibidor da cdk4 foram concebidas e geometricamente optimizadas no SYBYL utilizando parâmetros predefinidos e um critério de convergência de 0,001 kcal/mol. A minimização da energia destes 93 compostos foi efectuada com o campo de forças Tripos e as cargas de Gasteiger-Huckel utilizando um dielétrico dependente da distância e o algoritmo de gradiente conjugado de Powell com um critério de convergência de 0,05 kcal/mol. Foi efectuada uma otimização geométrica adicional destes inibidores da cdk4.

2.2 Alinhamento

Nos estudos 3D-QSAR, é necessário estabelecer uma semelhança geométrica entre as estruturas, de modo a que as estruturas optimizadas sejam alinhadas com a molécula mais ativa do conjunto como modelo. Isto permite ajustar a geometria das moléculas de modo a que os campos estéricos e electrostáticos das moléculas coincidam com os campos da molécula modelo.

2.3 3D- QSAR- CoMFA e CoMSIA e análise de contorno

Foram efectuados estudos tridimensionais da relação quantitativa estrutura-atividade (QSAR), envolvendo os métodos de análise comparativa do campo molecular (CoMFA) e do índice de semelhança molecular na análise comparativa (CoMSIA), sobre estes 93 inibidores da cdk4 para avaliar o seu potencial como bloqueadores da cdk. [111]O método CoMFA utiliza o campo de força tripos com uma constante dieléctrica dependente da distância para todas as interações numa grelha regularmente espaçada (2 x 10 m), tomando um átomo de carbono sp3 como sonda estérica e uma carga +1 como sonda eletrostática. O limiar foi fixado em 30 Kcal/mol. O CoMSIA utiliza uma constante dieléctrica gaussiana dependente da distância para minimizar as alterações nas posições atómicas e nos potenciais de carga nas grelhas.

[H40]O CoMSIA calcula utilizando um átomo de sonda C+ com um raio de 1 x 10 m colocado num espaçamento de grelha regular de 2 x 10 m para abranger todas as conformações de ligação do inibidor. Utilizando os parâmetros predefinidos, foram calculados parâmetros estéricos, electrostáticos e de campo hidrofóbico. A contribuição estérica é representada pela terceira potência dos raios atómicos dos átomos e as propriedades electrostáticas foram dadas como cargas atómicas obtidas a partir da acoplagem FlexX.

A hidrofobicidade foi calculada como um parâmetro dependente do átomo e foi utilizada uma grelha de aproximadamente 4A para incluir todas as conformações de ligação do inibidor. Neste estudo, os índices de semelhança foram calculados utilizando um átomo de sonda *(h probe.A)* de carga +1, raio 1A, hidrofobicidade +1 e fator de atenuação, a, de 0,3 para uma distância do tipo Gaussiano. A análise estatística das análises CoMSIA foi semelhante à da CoMFA.

Os dados pICso serão acoplados a unidades de 3-log, fornecendo um conjunto de dados grande e semelhante para a análise 3D-QSAR. Os compostos foram divididos em conjuntos de teste e de treino numa proporção de 1:3 para melhorar a previsibilidade dos modelos 3D-QSAR. [2]Foram utilizadas análises de validação cruzada e de mínimos parciais (PLS), com o coeficiente de validação cruzada (q), deixando um número ótimo de componentes e o menor erro padrão de previsão, sendo considerado para determinar a precisão dos modelos previstos.

A fiabilidade de um modelo 3D-QSAR depende da sua capacidade de prever a atividade. [2]O coeficiente de correlação de Pearson, r , é o coeficiente de correlação ao quadrado que mede a exatidão do ajuste dos valores ajustados aos valores observados. [22]Na validação cruzada, o resultado do procedimento LOO é um coeficiente de correlação com validação cruzada (r , cv ou q) que indica a robustez e a capacidade de previsão do modelo. [2]O coeficiente de correlação de validação cruzada, q , é considerado como uma medida da consistência interna do modelo derivado.

3. Procedimento de acoplamento molecular :

- Obter apenas estruturas de alta resolução do alvo, acima de 2,5°A, idealmente com ligandos ligados, a partir de fontes internas ou externas, incluindo boas fontes publicamente disponíveis, como o Protein Data Bank [4], http://www.rcsb.org/pdb; ReLiBase [1], http://relibase.ccdc.cam.ac.uk; e Binding MOAD [2, 71] http://www.bindingmoad.org.
- Eliminar qualquer estrutura que não possua os cofactores biologicamente necessários para a atividade biológica. As estruturas incompletas ou as que carecem de cadeias laterais também devem ser eliminadas.
- Se existir mais do que uma estrutura-alvo, sobrepô-las através da sobreposição de resíduos-chave no sítio de ligação ou na região de interesse, utilizando um método de sobreposição por mínimos quadrados. O SwissPdbViewer [72], uma ferramenta gratuita disponível em http://www.expasy.org/spdbv, oferece várias opções de sobreposição no seu menu "Fit", como "Magic Fit" e "Fit molecules (from selection)". Note-se que o SwissPdbViewer também pode reconstruir automaticamente cadeias laterais incompletas.
- Identificar a extensão da variabilidade estrutural e selecionar uma estrutura representativa.
- Adicionar todos os átomos de hidrogénio ao alvo no pH desejado; em condições fisiológicas a pH 7,2, os seguintes resíduos têm cadeias laterais ionizadas: arginina, lisina, ácido aspártico e ácido glutâmico. Isto define as cargas formais.
- Cada cadeia lateral de histidina pode ser neutra ou positivamente carregada a um pH fisiológico. Se for neutra, o azoto delta ou épsilon pode ser protonado.
- As atribuições atómicas dos anéis de imidazol na histidina e dos grupos amido nas cadeias laterais da asparagina e da glutamina podem ser ambíguas; ferramentas como o REDUCE e a sua interface web, MOLPROBITY [73, 74], podem avaliar as inversões de 180° destes grupos para otimizar a rede de ligações de hidrogénio e adicionar átomos de hidrogénio de forma adequada.
- Remova todas as moléculas de água, exceto as que fazem parte integrante da sua hipótese de ligação.
- Se a estrutura-alvo representativa estiver complexada com um ligando, remover o ligando.
- Calcular as cargas parciais, se exigido pela ferramenta de ancoragem. Algumas ferramentas podem utilizar um dicionário de cargas parciais de aminoácidos para simplesmente atribuir cargas. Se existirem co-factores na estrutura alvo, será necessário calcular as cargas parciais adequadas, se exigido pelo método de ancoragem.

- Ao utilizar o AutoDock, fundir hidrogénios não polares, uma vez que este utiliza uma representação de átomos unidos.

- O AutoDock utiliza mapas de grelha que devem ser calculados utilizando o AutoGrid. Cada mapa descreve uma grelha 3D de energias de interação com o alvo, uma para cada tipo de átomo no ligando.

- Executar a ferramenta Autogrid a partir do comando Run utilizando o ficheiro complementar da aplicação Autogrid4, selecionando o ficheiro "gpf" e executando-o.

- Em seguida, clique em Ligand a partir das ferramentas Autodock e escolha a macromolécula, o ligando e, em seguida, selecione o algoritmo genético nos parâmetros de pesquisa, depois o resultado selecionando LamarkianGA e guardando o ficheiro com a extensão "dpf".

- Execute agora a ferramenta autodock utilizando a aplicação de suporte Autodock4, selecionando o ficheiro dpf e iniciando-o.

- Quando a ancoragem estiver concluída, apagar todas as moléculas e abrir o ficheiro "dig" a partir da ferramenta de análise e clicar em "abrir".

- Clique em View e selecione Rod and Bead para que o ligando seja apresentado na vista Rod and Bead.

- Em seguida, na mesma ferramenta, vá para a confirmação e clique em carregar, depois abra a macromolécula e clique nos valores mínimos obtidos na caixa de diálogo.

- Em seguida, clique em Analyse e depois em docking seguido de show interactions para visualizar os aminoácidos que interagem com o ligando.

- Clicando nas ligações de hidrogénio, seguido da apresentação sob a forma de linhas, obtém-se o comprimento da ligação do aminoácido que interage com o ligando.

4. Resultados e discussão

4.1   Resultados do CoMFA e do CoMSIA para os inibidores da CDK4:

O método CoMFA foi utilizado para derivar um modelo 3D-QSAR para 93 inibidores de cdk4, que são relatados como inibindo a enzima cdk4. As moléculas foram alinhadas umas com as outras para gerar uma fração de base comum. A imagem abaixo mostra o alinhamento das 93 moléculas e o anel comum. [22]A análise dos mínimos quadrados parciais (PLS) do modelo resultante produziu um valor q elevado, com validação cruzada, de 0,845 (cinco componentes) e um coeficiente de correlação sem validação cruzada, r , de 0,946. Este coeficiente de correlação indica que o modelo é fiável e preciso.

4.1.1   ALINHAMENTO.

A Tabela 1 mostra as actividades experimentais CoMFA e CoMSIA, as actividades previstas e os valores residuais para o conjunto de treino e o conjunto de teste. Os modelos CoMFA e CoMSIA 3D-QSAR foram gerados utilizando análogos de inibidores da cdk4. A análise dos valores IC50 e pICso mostrou que o composto 12 era o menos ativo e o composto 88 era o mais ativo.

A imagem da Figura 2 mostra a estrutura alinhada dos 93 inibidores de cdk4 e o anel central comum presente em todas estas moléculas, o que facilita os estudos QSAR.

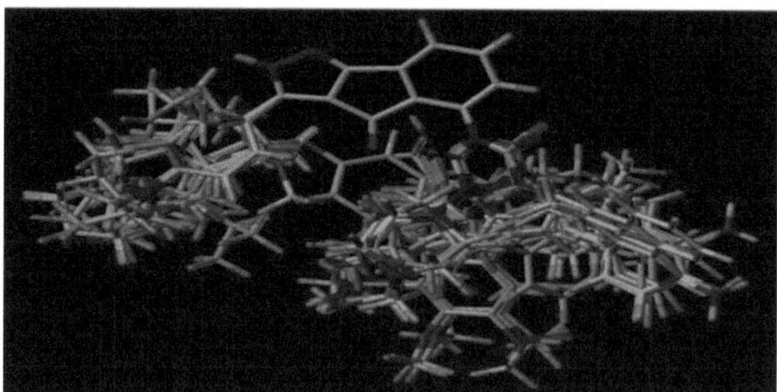

A figura 3 mostra o alinhamento das 93 moléculas inibidoras de cdk4.

QUADRO 1

CoMFA e CoMSIA: VALORES ESPERADOS E RESIDUAIS PARA TODOS OS DADOS.

O quadro 1 apresenta as actividades experimentais, as actividades previstas e os valores residuais do conjunto de treino e do conjunto de teste utilizados para gerar o modelo CoMFA.

PACOTE DE FORMAÇÃO					
	COMFA			COMSIA	
C.NÃO	PIC50	PLANEADO	RESIDUAIS	PLANEADO	RESIDUAIS
DPI	7.086	7.216	-0.13	7.201	-0.115
Cll	7.194	7.413	-0.219	7.611	-0.417
C12	7.585	7.177	0.408	7.081	0.504
C13	6.347	6.219	0.128	6.372	-0.025
C14	6.512	7.55	-1.038	7.38	-0.868
C15	6.057	6.77	-0.713	6.482	-0.425
C18	8.046	7.767	0.279	7.747	0.299
C19	7.921	7.568	0.353	8.089	-0.168
C20	7.921	7.636	0.285	7.481	0.44
C22	6.076	5.918	0.158	6.046	0.03
C23	6.31	5.871	0.439	6.004	0.306
C24	6.194	6.109	0.085	6.026	0.168
C25	5.721	6.324	-0.603	6.302	-0.581
C26	5.638	5.987	-0.349	5.923	-0.285
C27	6.319	6.491	-0.172	6.449	-0.13
C28	6.509	6.107	0.402	6.164	0.345
C29	6.167	6.072	0.095	6.401	-0.234
C3	6.046	6.477	-0.431	6.494	-0.448
C30	6.065	6.116	-0.051	6.07	-0.005
C31	6.468	5.965	0.503	5.793	0.675
C32	6.959	7.175	-0.216	7.236	-0.277
C33	7.301	7.348	-0.047	7.668	-0.367
C34	8.155	7.521	0.634	7.427	0.728
C35	7.26	7.064	0.196	7.228	0.032
C36	6.921	7.078	-0.157	7.102	-0.181
C37	6.959	7.074	-0.115	6.843	0.116

C4	6.71	6.643	0.067	6.799	-0.089
C41	5.886	6.465	-0.579	6.488	-0.602
C42	6.366	6.248	0.118	6.069	0.297
C43	6.444	6.31	0.134	6.008	0.436
C44	5.854	5.626	0.228	6.67	-0.816
C45	5.886	6.139	-0.253	5.789	0.097
C46	5.347	5.624	-0.277	5.928	-0.581
C5	6.947	6.653	0.294	6.384	0.563
C51	6.523	6.624	-0.101	6.555	-0.032
C54	6.468	6.458	0.01	6.322	0.146
C55	7.076	6.917	0.159	6.589	0.487
C57	6.733	6.795	-0.062	7.022	-0.289
C6	6.038	6.516	-0.478	6.395	-0.357
C60	6.288	6.47	-0.182	6.644	-0.356
C61	6.197	6.353	-0.156	6.548	-0.351
C62	6.824	6.527	0.297	6.706	0.118
C63	7.638	7.546	0.092	7.632	0.006
C64	7.523	7.226	0.297	7.303	0.22
C66	7.523	7.296	0.227	6.745	0.778
C68	7.046	7.197	-0.151	7.397	-0.351
C69	7.337	7.252	0.085	7.329	0.008
C7	6.903	6.882	0.021	6.75	0.153
C70	8.187	7.803	0.384	7.026	1.161
C71	7.959	7.984	-0.025	8.146	-0.187
C72	8	7.967	0.033	7.934	0.066
C73	8.155	7.922	0.233	7.903	0.252
C74	8.155	8.169	-0.014	7.99	0.165
C75	7.62	8.031	-0.411	8	-0.38
C76	8.155	7.986	0.169	7.923	0.232
C77	7.553	7.943	-0.39	8.02	-0.467
C78	8.301	7.816	0.485	7.798	0.503
C79	7.796	7.99	-0.194	7.85	-0.054
C80	8.097	8.023	0.074	7.46	0.637
C81	7.222	7.676	-0.454	7.91	-0.688

C82	7.886	7.358	0.528	7.602	0.284
C83	7.569	7.555	0.014	7.707	-0.138
C84	8.155	7.854	0.301	7.542	0.613
C85	8.046	7.959	0.087	7.977	0.069
C86	8.046	7.981	0.065	7.899	0.147
C88	8.301	7.604	0.697	7.876	0.425
C9	7.119	6.857	0.262	7.022	0.097
C90	8.155	8.052	0.103	8.168	-0.013
C91	7.921	8.09	-0.169	7.935	-0.014
C92	8	8.049	-0.049	8.137	-0.137

QUADRO 2:

CONJUNTO DE TESTE					
		COMFA		COMSIA	
C.NÃO	PIC50	PLANEADO	RESIDUAIS	PLANEADO	RESIDUAIS
C1	4.456	7	-2.544	5.43	-0.974
C16	6.108	7.22	-1.112	6.2	-0.092
C17	7.678	6.96	0.718	7.76	-0.082
C2	4.347	6.47	-2.123	5.25	-0.903
C21	7.921	7.24	0.681	7.77	0.151
C38	7.745	7.05	0.695	7.39	0.355
C39	7.174	5.8	1.374	6.85	0.324
C40	6.721	7.3	-0.579	7.21	-0.489
C47	6.824	5.28	1.544	6.83	-0.006
C48	6.456	5.68	0.776	6.55	-0.094
C49	7.276	5.48	1.796	6.92	0.356
C50	6.076	5.28	0.796	6.17	-0.094

C52	7.244	5.8	1.444	6.99	0.254
C53	6.886	6.08	0.806	6.91	-0.024
C56	7.091	6.87	0.221	7.1	-0.009
C58	6.971	6.19	0.781	7.26	-0.289
C59	7.678	6.23	1.448	7.31	0.368
C65	8.155	7.39	0.765	8.01	0.145
C67	6.468	7.22	-0.752	6.91	-0.442
C8	7.699	6.9	0.799	7.24	0.459
C87	7.244	8	-0.756	7.51	-0.266
C89	6.62	7.76	-1.14	7.41	-0.79
C93	7.18	7.96	-0.78	7.34	-0.16
C94	5.939	7.07	-1.131	7.07	-1.131

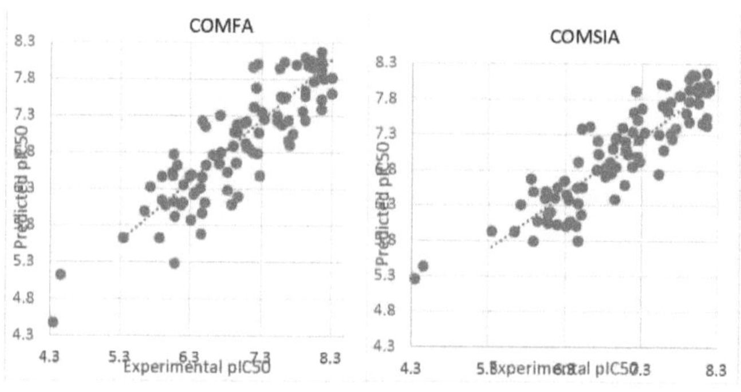

Figura
nº:4

Fig. nº:5

As figuras 4 e 5 mostram a representação gráfica dos estudos COMFA e COMSIA efectuados no âmbito do QSAR, que incluem um pacote TEST e um pacote TRAINING.

QUADRO3

A Tabela 3 apresenta as estatísticas pls para os modelos comfa e comsia, 3d-qsar.

	COMFA	COMSIA
q^2	0.845	0.763
r^2	0.946	0.952
ERRO PADRÃO DE PREVISÃO	0.199	0.190
F VALOR	223.070	206.549
ESTÉREIS	71.8%	23.2%
ELECTROSTÁTICO	28.2%	18.2%
DONAR	-	22.39%
ACEITADOR	-	13.9%
HIDROFÓBICO	-	21.8%
VALIDAÇÃO CRUZADA	0.822	0.747
BOTSTRAP				
	MÉDIO	PADRÃO DESVIO	MÉDIO	PADRÃO DESVIO
ERRO PADRÃO DE PREVISÃO	0.187	0.087	0.136	0.061
r^2	0.949	0.011	0.975	0.006

A análise CoMFA e a validade estatística prevêem que o composto 88 é o inibidor mais potente e estável da quinase 4 cíclica dependente (CDK4).

Foram utilizados 69 inibidores de cdk4 para a formação e os restantes 23 inibidores de cdk4 foram utilizados nos conjuntos de teste. Os compostos do conjunto de teste foram selecionados manualmente para garantir que os compostos incluídos possuíam uma vasta gama de atividade. Os descritores de campo estérico e eletrostático explicaram 71,8% e 28.2 % da variância, respetivamente (Quadro 2). Os valores previstos confirmam a validade estatística dos modelos desenvolvidos e estão bem correlacionados com os valores experimentais, confirmando a fiabilidade do modelo CoMFA previsto (Quadro 2).

[22]O coeficiente de correlação q - LOO- validado de forma cruzada, r , coeficiente de correlação não validado de forma cruzada, n- número de componentes utilizados na análise PLS, SEE-estimativa do

erro padrão, estatística F para os valores de análise indicados demonstram a exatidão e a estabilidade do nosso modelo.

A análise CoMSIA demonstra a exatidão dos modelos previstos

Foram utilizados quatro descritores de campo principais: estéricos, electrostáticos, hidrofóbicos e doadores de ligações de hidrogénio para realizar a análise CoMSIA. [22]A análise CoMSIA produziu um q validado cruzado de 0,763, um r convencional de 0,952 com um SEE de 0,136 e um valor F de 206,549 para o conjunto de treino (Quadro 2). Os descritores estéricos, electrostáticos, de campo hidrofóbico, de campo doador de ligações de hidrogénio e de campo aceitador de ligações de hidrogénio explicaram 23,2%, 18,2%, 21,8%, 22,39% e 13,9% da variância, respetivamente (Quadro 2). Os resultados acima referidos demonstram que o modelo CoMSIA previsto é fiável e preciso. Estes resultados demonstram que os modelos CoMFA e CoMSIA podem ser utilizados de forma fiável na conceção de novos inibidores da CDK4.

A análise de contorno com todos os principais descritores de campo analisados prevê que o composto 88 é o bloqueador cdk4 mais ativo e estável.

A análise dos mapas de contorno foi efectuada no SYBYL 1.1 para visualizar os modelos CoMFA e CoMSIA gerados. Ao analisar os mapas de contorno, os valores de contribuição de 80% para a região favorecida e de 20% para a região desfavorecida foram definidos como o nível por defeito.

Os mapas de contorno CoMFA com contornos estéricos e electrostáticos indicam a estabilidade do composto 88 como inibidor da cdk4.

As imagens dos contornos estéricos e electrostáticos do CoMFA com a atividade mais elevada (composto 88) são apresentadas na Fig. 5 do CoMFA - interações estéricas nos contra-mapas do inibidor da quinase 4 dependente do ciclo (cdk4) com a atividade mais elevada (composto 88) - os poliedros verdes e amarelos indicam regiões onde se espera que o aumento ou a diminuição da massa estérica, respetivamente, melhore a atividade.

FIG.6

COMFA CONTRA-MAPA ESTÉRICO DO INIBIDOR DA QUINASE 4 DEPENDENTE DO CICLO (CDK4) COM A ACTIVIDADE MAIS ELEVADA (COMPOSTO 88).

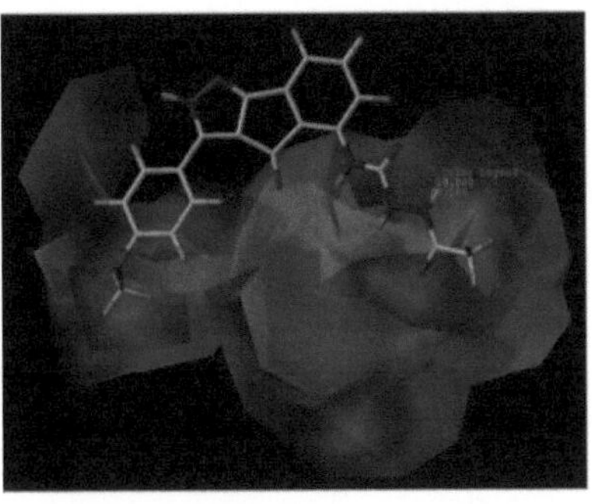

FIG. 7

CONTRA-MAPA ELECTROSTÁTICO COMFA DO INIBIDOR MAIS ACTIVO DA QUINASE 4 DEPENDENTE DO CICLO (CDK4) (COMPOSTO 88).

Os poliedros verdes e amarelos indicam as regiões em que um aumento ou uma diminuição da massa estérica, respetivamente, deverá melhorar a atividade.

Os poliedros vermelhos e azuis indicam as regiões onde se espera que uma maior densidade de electrões (carga negativa) e uma menor densidade de electrões (carga positiva parcial), respetivamente, aumentem a atividade.

Mapas de contorno CoMSIA Os mapas de contorno CoMFA com campos estéricos, electrostáticos, hidrofóbicos e dadores e aceitadores de ligações de hidrogénio indicam que o composto 88 é o bloqueador CDK4 mais ativo e estável.

Os campos estéricos, electrostáticos, hidrofóbicos e de dadores e aceitadores de ligações de hidrogénio foram utilizados para construir os mapas de contorno do CoMSIA. Os mapas de contorno estéricos e electrostáticos do CoMFA e do CoMSIA são quase idênticos, o que indica um papel semelhante. Os mapas de contorno estérico e eletrostático do CoMSIA são apresentados na Figura 8 (atividade mais elevada).

Fig. n° : 8

CONTRA-MAPAS ESTÉRICOS COM INIBIDORES DE CINASES DEPENDENTES DO CICLO

4(CDK4) COM A ACTIVIDADE MAIS ELEVADA (COMPOSTO 88).

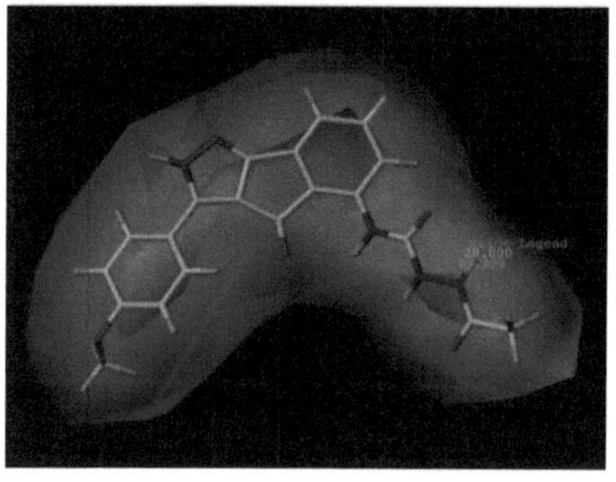

A figura 9 (mapa de contorno eletrostático CoMSIA do modulador com a atividade mais elevada, composto 88) mostra que a diminuição da densidade eletrónica aumenta a atividade da molécula.

Fig. n°:9

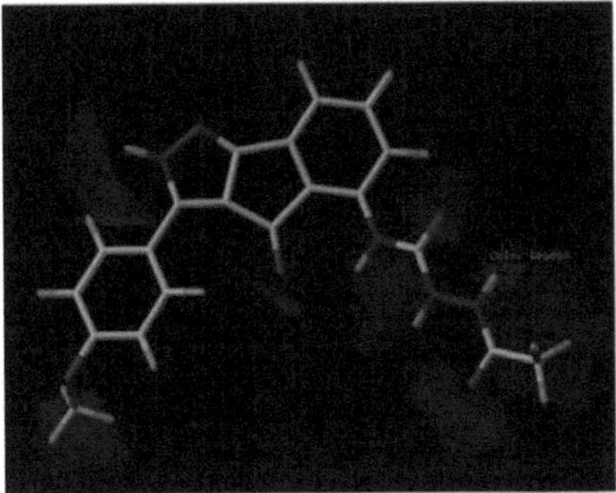

Os poliedros verdes e amarelos indicam as regiões em que um aumento ou uma diminuição da massa estérica, respetivamente, deverá melhorar a atividade.

Os poliedros vermelhos e azuis indicam as regiões onde se espera que uma maior densidade de electrões (carga negativa) e uma menor densidade de electrões (carga positiva parcial), respetivamente, aumentem a atividade.

Os contra-mapas hidrofóbicos CoMSIA do inibidor da quinase cíclica dependente 4 com a atividade mais elevada (composto 88) são apresentados na Fig. 10. A região hidrofóbica favorável é representada por contornos brancos e as regiões desfavoráveis são representadas por contornos amarelos. Na Fig. 9, o mapa de contornos hidrofóbicos CoMSIA do composto 88, são visíveis os contornos amarelos que representam as regiões desfavoráveis, indicando a atividade mais baixa da molécula.

FIG. 10

CONTRA-MAPAS HIDROFÓBICOS DA COMSIA DO INIBIDOR DA QUINASE CÍCLICA DEPENDENTE 4 (CDK4) COM A ACTIVIDADE MAIS ELEVADA (COMPOSTO 88).

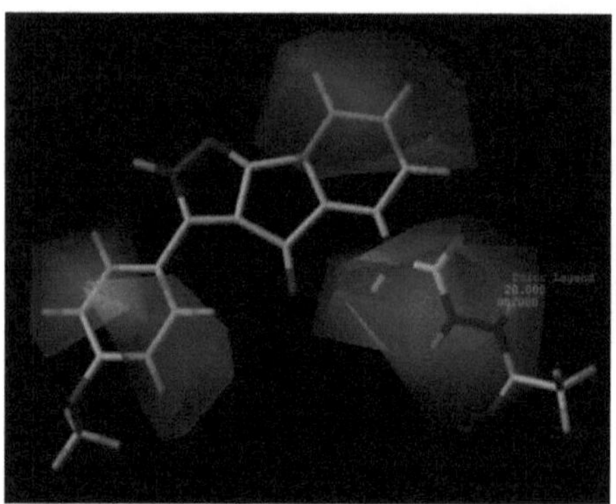

FIG. 11

COMSIA DE DADORES DE HIDROGÉNIO DE (LIGAÇÃO DE HIDROGÉNIO) CONTRA-MAPAS DO INIBIDOR DA QUINASE CÍCLICA DEPENDENTE 4 (CDK4) COM A MAIOR ACTIVIDADE (COMPOSTO 88).

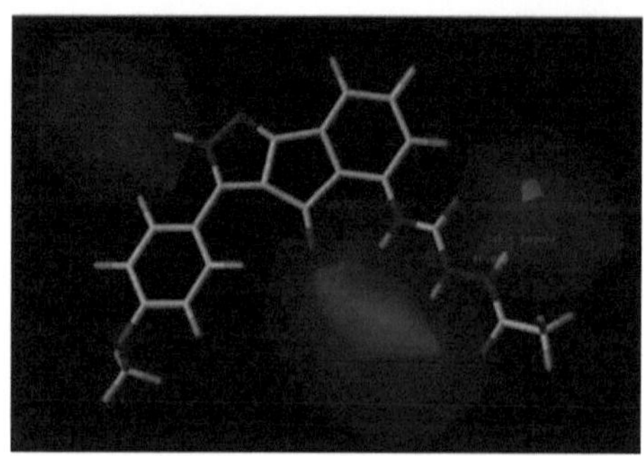

FIG. 12

ACEPTOR DE HIDROGÉNIO ACTIVO DA COMSIA (LIGAÇÃO DE HIDROGÉNIO) CONTRA O INIBIDOR DA QUINASE 4 DEPENDENTE DO CICLO (CDK4) COM A ACTIVIDADE MAIS ELEVADA (COMPOSTO 88).

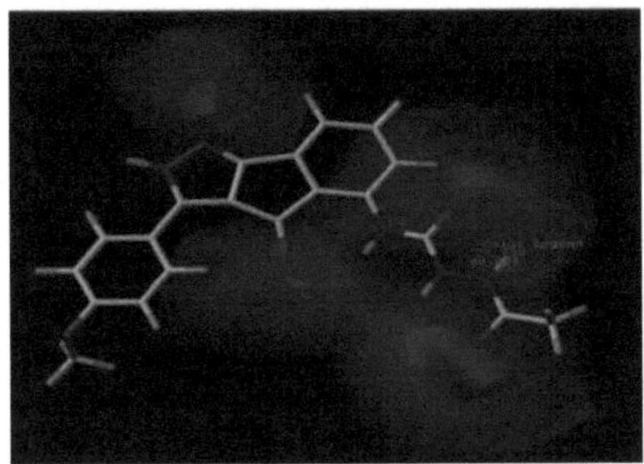

O poliedro vermelho para além dos ligandos em que um grupo doador de ligações de hidrogénio no ligando será favorável à atividade biológica, e o poliedro roxo representa o aceitador de ligações de hidrogénio em ligandos desfavoráveis à bioatividade.

O poliedro vermelho para além dos ligandos em que um grupo doador de ligações de hidrogénio no ligando será favorável à atividade biológica, e o poliedro roxo representa o aceitador de ligações de hidrogénio em ligandos desfavoráveis à bioatividade.

4.2   Docagem molecular :

Os estudos de acoplamento proteína-ligante foram efectuados com base na estrutura cristalina da cdk4 em complexo com uma ciclina do tipo d (PDB: 2W96 Day, P.J. et al. 2009). Antes de efetuar o docking, todas as moléculas de solvente e ligandos co-cristalizados foram removidos da estrutura. Os cálculos de acoplamento molecular dos compostos com as proteínas foram efectuados utilizando o Autodock 4.2.5. Foram gerados parâmetros de grelha com a seleção predefinida em torno dos ligandos cristalográficos e estes parâmetros foram utilizados para gerar o ficheiro de configuração para executar o AutoDock Vina. A informação estrutural do recetor requerida pelo programa (os ficheiros pdbqt) foi gerada utilizando o Pymol com o plugin AutoDock, e os ficheiros pdbqt dos ligandos foram gerados utilizando scripts incluídos nas ferramentas do Molecular Graphics Laboratory (MGL). O docking foi realizado em três moléculas diferentes com compostos altamente activos, moderadamente activos e fracamente activos, respetivamente. A energia de ligação, os valores kl e os valores RMSD são apresentados no quadro seguinte:

Ligando	Aminoácido de interação	Energia de ligação AG kCal/Mol	Constante de dissociação (kl)	Referência RMSD(A)
C88	ASN83	-7.33	16:26h	61.92
C56	SER197	-7.76	2.03 horas	60.24
C12	ILE196	-8.32	797,12nm	60.50

A figura 13 abaixo mostra a imagem do composto mais ativo (composto88).

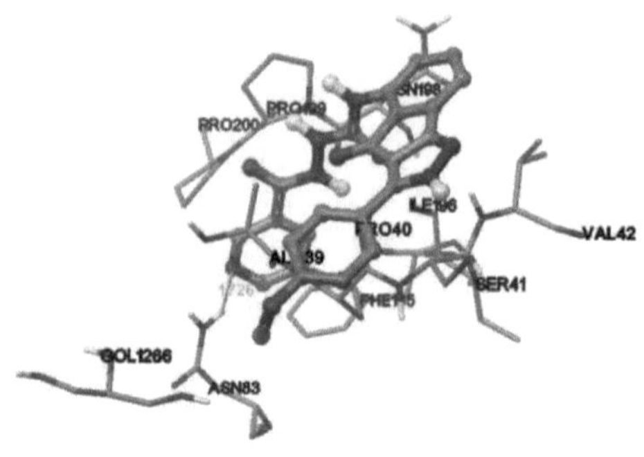

A figura 14 mostra a imagem do composto moderadamente ativo (composto56).

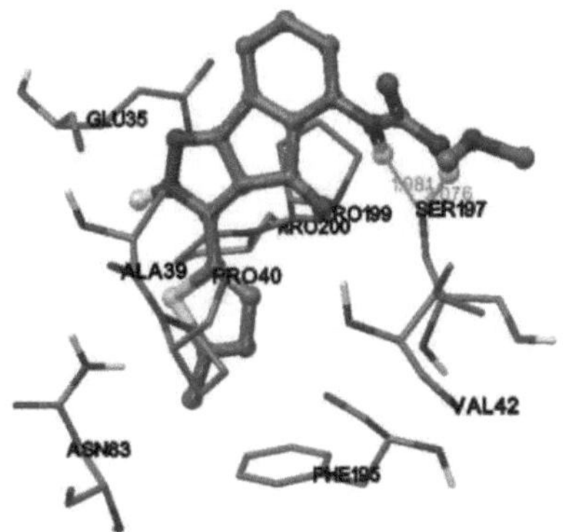

A figura 15 mostra a imagem do composto menos ativo (composéll).

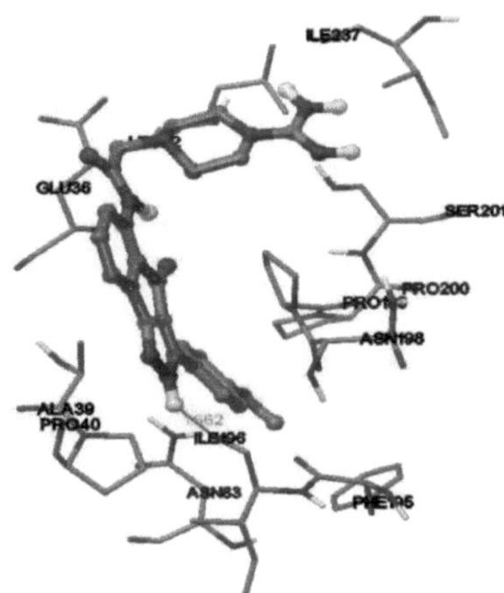

5. Conclusão

Foram efectuados estudos tridimensionais quantitativos da relação estrutura-atividade (3D-QSAR) para uma série de inibidores do indenopyrazole utilizando técnicas de análise comparativa do campo molecular (CoMFA) e de análise comparativa do índice de semelhança molecular (CoMSIA). Foi utilizado um conjunto de treino com 93 moléculas para construir os modelos. [22]Os modelos CoMFA e CoMSIA óptimos obtidos para o conjunto de treino foram todos estatisticamente significativos com coeficientes de validação cruzada (q) de 0,845 e 0,763 e coeficientes convencionais (r) de 0,946 e 0,952, respetivamente. As capacidades preditivas de ambos os modelos foram validadas com êxito através do cálculo de um conjunto de teste de 24 moléculas que não foram incluídas no conjunto de treino. A pontuação de acoplamento do composto 56 não é a mais elevada (a pontuação de acoplamento mais elevada é a do composto 88 com -7.33 KJ/mol) entre os 93 compostos testados no estudo, com base nas interações de acoplamento Autodock e na análise do mapa de contorno, pode prever-se que as interações de aminoácidos e de campo de força do composto 56 com o 2W96 são essenciais para tornar este composto potente - Com base nas interações do composto 566 com o local ativo do 2W96 e nas interações de campo de força, prevemos que o composto 56 possa ser utilizado eficazmente em sistemas biológicos como inibidor do 2W96, uma vez que será potente e estável. O composto 12, o menos ativo, obteve uma pontuação de auto-ancoragem de 8,32 KJ/mol com uma única interação. Embora a pontuação de ancoragem do composto 12 seja consideravelmente elevada, pode prever-se que este composto não é estável (com base na análise do mapa de contorno) e que as interações com o sítio ativo do 2W96 não são suficientemente fortes para bloquear a bomba.

Referências

1. FASCAPLYSIN como um inibidor específico de CDK4: perspectivas a partir da modelação molecular. <u>PLoS One</u>. 2012; 7(8): e42612, PMCID: PMC3419161

2. Cyclin-dependent kinases: engines, clocks, and microprocessors. Annu Rev Cell Dev Biol. 1997;13:261-91,PMID:9442875

3. A decisão de proliferação-quiescência é controlada por uma bifurcação da atividade de CDK2 na saída da mitose. Cell. 2013 Oct 10;155(2):369-83. doi: 10.1016/j.cell.2013.08.062. Epub 2013 Sep 26. PMCID:PMC4001917

4. Sinalização por cinases dependentes da ciclina D. Oncogene. 2014 Abr 10;33(15):1890-903. doi: 10.1038/onc.2013.137. Epub 2013 maio 6. PMID:23644662

5. Mammalian cyclin-dependent kinases.Trends Biochem Sci. 2005 Nov;30(ll):630-41. Epub 2005 Oct 19 DOI : 10.1016/j.tibs.2005.09.005 PMID:16236519

6. Cell cycle recycling: cyclins revisited. Cell. 2004 Jan 23;116(2):221-34. PMID : 14744433

7. Ciclos celulares do cancro. Science. 1996 Dec 6;274(5293):1672-7. Sherr CJ. PMID:8939849

8. A família E2F: funções específicas e interesses comuns. EMBO J. 2004 Dec 8; 23(24): 4709-4716. Publicado online em 11 de novembro de 2004. doi : 10.1038/sj.emboj.7600481 PMCID : PMC535093

9. Andar de bicicleta ou não andar de bicicleta: uma decisão crítica no cancro. Nat Rev Cancer. 2001 Dec;l(3):222-31.DOI : 10.1038/35106065 PMID : 11902577

10. Será a quinase Cyclin D1-CDK4 um verdadeiro alvo do cancro? Cancer Cell. 2006 Jan;9(l):2-4. DOI : 10.1016/j.ccr.2005.12.026 PMID:16413464

11. Coordenação da proliferação e diferenciação celular: Antagonismo entre os reguladores do ciclo celular e a expressão de genes específicos do tipo celular. Cell Cycle. 2016 ; 15(2) : 196-212. Publicado online em 29 de janeiro de 2016. doi:10.1080/15384101.2015.1120925 PMCID: PMC4825819

12. Paisagem mutacional e significado em 12 tipos principais de cancro Publicado na versão final em: Nature. 2013 Oct 17; 502(7471): 333-339. doi: 10.1038/naturel2634 PMCID: PMC3927368 NIHMSID: NIHMS550175

13. Necessidade da função da quinase CDK4 no cancro da mama. Cancer Cell. 2006

Jan;9(l):23-32.DOI : 10.1016/j.ccr.2005.12.012PMID : 16413469

14. Cyclin Dl-dependent kinase activity in murine development and mammary tumorigenesis. Cancer Cell. 2006 Jan;9(l):13-22.DOI : 10.1016/j.ccr.2005.12.019 PMID:16413468

15. Validação da ciclina D1/CDK4 como alvo de fármacos anticancerígenos em células de cancro da mama MCF-7: Efeito da sobreexpressão regulada da ciclina DI e inibição por siRNA da expressão endógena da ciclina DI e CDK4. Breast Cancer Res Treat. 2006 Jan;95(2):185-94. Epub 2005 Dec 1. DOI : 10.1007/sl0549-005-9066-y PMID : 16319987

16. 11ª Conferência Alemã de Quimioinformática (GCC 2015) J Cheminform. 2016; 8(Suppl 1): 18. Publicado online em 26 de abril de 2016. doi: 10.1186/sl3321-016-0119-5 PMCID: PMC4896257

17. Conceção de fármacos com base na estrutura: docking e pontuação. Curr Protein Pept Sci. 2007 Aug;8(4):312-28.PMID : 17696866

18. Recent advances in ligand-based drug design: Relevance and Utility of the Conformationally Sampled Pharmacophore Approach Publicado na versão final como: Curr Comput Aided Drug Des. 2011 Mar 1; 7(1): 10-22. PMCID: PMC2975775 NIHMSID: NIHMS230044

19. Modelação QSAR: Onde tem estado? Para onde é que vai? J Med Chem. 2014 Jun 26; 57(12): 4977-5010. Publicado online em 6 de janeiro de 2014. doi: 10.1021/jm4004285 PMCID: PMC4074254 NIHMSID: NIHMS553656

20. Explorando o potencial de modelos farmacóforos baseados em proteínas na previsão e classificação de ligantes. J Chem Inf Model. 24 de maio de 2013; 53(5): 1179-1190. Publicado online em 13 de maio de 2013. doi: 10.1021/ci400143r PMCID: PMC3725268 NIHMSID: NIHMS480666

21. Modelação de farmacóforos e aplicações na descoberta de medicamentos: desafios e avanços recentes. Elsevier, Drug Discovery Today Volume 15, Números 11-12, junho de 2010 doi.org/10.1016/j.drudis.2010.03.013

22. Sobreposição de moléculas e farmacóforos e comparação de modelos na informática de conceção de medicamentos. Drug Discov Today. 2008Jan   ;13(l-2):23-9. doi :
    a. 10.1016/j.drudis.2007.09.007. Epub 2007Nov 5. PMID : 18190860

23. Ehrlich, Paul. "Uber den jetzigen Stand der Chemotherapie", *European Journal of Inorganic Chemistry* 42.1 (1909): 17-47.

24. Descoberta de medicamentos: uma perspetiva histórica. Science. 2000 Mar 17;287(5460):1960-4. PMID : 10720314

25. K.D. Tripathi - Essentials of Medical Pharmacology, 6th ed.pdf, Jaypee Brothers Medical Publishers (P) Ltd

26. DiMasi JA. Risks of new drug development: approval success rates of investigational drugs. Clinical Pharmacology & Therapeutics. 2001 May 1;69(5):297-307.

27. Perrin S. Preclinical research: Make mouse studies work. Nature. 2014 Mar;507(7493):423-5.

28. Está a jogar contra moinhos de vento ou a realizar um ensaio clínico que vale a pena? Yonsei Med J.2011 Sep 1;   52(5): 701-716.Publicado online em 18 de julho de 2011. doi: 10.3349/ymj.2011.52.5.701 PMCID: PMC3159939

29. Níveis de dose e sinais precoces de eficácia em ensaios clínicos contemporâneos de fase 1 em oncologia. PLoS One. 2011; 6(3): e16633. Publicado online em 2 de março de 2011. doi:10.1371/journal.pone.0016633 PMCID: PMC3056556

30. Desenho de um ensaio clínico para intervenção endovascular no AVC isquémico Neurology.   2012   Set   25;   79(13   Suppl   1):   S221-S233.   doi: 10.1212/WNL.0b013e31826992cfPMCID: PMC4109233

31. Farmacovigilância na indústria farmacêutica. Br J Clin Pharmacol. 1998 maio; 45(5): 427-431. doi: 10.1046/j.1365-2125.1998.00713.x PMCID: PMC1873545

32. Modelação QSAR: Onde tem estado? Para onde é que vai? J Med Chem. 2014 Jun 26; 57(12): 4977-5010. Publicado online em 6 de janeiro de 2014. doi: 10.1021/jm4004285 PMCID: PMC4074254 NIHMSID: NIHMS553656

33. A importância de ser honesto: a validação é essencial para o sucesso da aplicação e interpretação dos modelos QSPR Publicado pela primeira vez em: 16 de abril de 2003 DOI: 10.1002/qsar.200390007

34. Um estudo QSAR comparativo de descritores de Wiener para gráficos moleculares ponderados. Chem Inf Comput Sci. 2000Nov-Dec;40(6):1412-22PMID: 11128100

35. Moreau G, Broto P. Autocorrelação de estruturas moleculares. Application aux études SAR. Novo J. Chem. 1980;4:757-764

36. Consonni V, Todeschini R. Structure - Activity Relationships by Autocorrelation Descriptors and Genetic Algorithms (Relações Estrutura-Atividade por Descritores de

Autocorrelação e Algoritmos Genéticos). Em: Lohdi H, Yamanishi Y, editores. Chemoinformatics and Advanced Machine Learning Perspectives: Complex Computational Methods and Collaborative Techniques [Perspectivas da quimioinformática e da aprendizagem automática avançada: métodos computacionais complexos e técnicas de colaboração]. Hershey: IGI Global Publishers; 2010. pp. 60-93

37. Randic M. Descritores moleculares generalizados. J. Math. Chem. 1991;7:155-168

38. Análise comparativa do campo molecular (CoMFA). 1 Efeito da forma na ligação de esteróides a proteínas transportadoras. J Am Chem Soc. 1988 Aug 1;110(18):5959-67. doi: 10.1021/ja00226a005 PMIII: 22148765

39. Wold S, Ruhe A, Wold H, Dunn I. The Collinearity Problem in Linear Regression (O problema da colinearidade na regressão linear). The Partial Least Squares (PLS) Approach to Generalized Inverses. SIAM. J. Sci. Stat. Comput. 1984;5:735-743

40. Rastreio virtual de grupos R, incluindo contribuições previstas para o pIC50, em grandes bases de dados estruturais utilizando o Topomer CoMFA. J Chem Inf Model. 2008 Nov;48(11):2180-95.doi: 10.1021/ci8001556PMID: 18956863

41. Ilusões 3D-QSAR. J Comput Aided Mol Des. 2004 Jul-Set;18(7-9):587-96. PMIO: 15729857

42. Índices de semelhança molecular numa análise comparativa (CoMSIA) de moléculas de fármacos para correlacionar e prever a sua atividade biológica. J Med Chem. 1994 Nov 25;37(24):4130-46. PMIII : 7990113

43. Goodford PJ, A computational procedure for determining energetically favorable binding sites on biologically important macromolecules. J Med Chem. 1985 Jul;28(7):849-57. PMIII : 3892003

44. Pastor M, GRid-INdependent descriptors (GRIND): uma nova classe de descritores moleculares tridimensionais independentes do alinhamento. J Med Chem. 2000 Aug 24;43(17):3233-43.PMID : 10966742

45. Duran A, Adequação das principais propriedades baseadas no GRIND para a descrição da semelhança molecular e do rastreio virtual baseado em ligandos. J Chem Inf Model. 2009 Sep;49(9):2129-38. doi: 10.1021/ci900228x. PMIII: 19728739

46. Low CM, Streamlining the activities of various cholecystokinin-2 recetor antagonists using molecular field points. J Med Chem. 2008 Feb 14;51(3):565-73. doi:

10.1021/jm070880t. Epub 2008 Jan 18. PMШ: 18201065

47. Dixon SL, PHASE: uma nova abordagem à modelação de farmacóforos e à pesquisa em bases de dados 3D. Chem Biol Drug Des. 2006 maio;67(5):370-2. PMШ: 16784462

48. Ortiz AR, Prediction of drug binding affinities by comparative binding energy analysis ! Med Chem. 1995 Jul 7;38(14):2681-91. PMЮ : 7629807

49. Simon Z, Mapping of dihydrofolate-reductase recetor site by correlation with minimal topological (steric) differences. J Theor Biol. 1977 Jun 7;66(3):485-95. PMЮ : 886879

50. Rocco Varela, Iterative refinement of a binding pocket model: Active Computational Steering of Lead Optimization, publicado online a 9 de outubro de 2012. doi: 10.1021/jm301210j PMCID: PMC3640415

51. Cramer RD, o modelo de grupo R CoMFA combina os benefícios dos alinhamentos "ad hoc" e de topómeros utilizando 3D-QSAR para a otimização de chumbo. J Comput Aided Mol Des. 2012 Jul;26(7):805-19. doi: 10.1007/sl0822-012-9583-9. Epub 2012 Jun 4. PMID:22661224

52. Cramer RD, Lead hopping. Validação da semelhança de topómeros como um preditor superior de actividades biológicas semelhantes. J Med Chem. 2004 Dec 30;47(27):6777-91. PMID:15615527

53. Nisius B, Classificador baseado em similaridade usando topómeros para fornecer uma base de conhecimento para a inibição do canal hERG. J Chem Inf Model. 2009 Feb;49(2):247-56. doi : 10.1021/ci800304t. PMID:19434826

54. Richard D. Cramercom autor correspondente, Rethinking 3D-QSAR Publicado online em 26 de novembro de 2010. doi : 10.1007/sl0822-010-9403-z PMCID : PMC3051061

55. Tresadern G, A comparison of ligand based virtual screening methods and application to corticotropin releasing fator 1 recetor. J Mol Graph Model. 2009 Jun- Jul;27(8):860-70. doi : 10.1016/j.jmgm.2009.01.003. Epub 2009 Jan 23. PMID : 19230731

56. Wendt B, Capturing structure-activity relationships from chemogenomic spaces. J Chem Inf Model. 2011 Abr 25;51(4):843-51. doi : 10.1021/cil00270x. Epub 2011 Mar 16. PMID : 21410249

57. Wendt B, Inibidores do fator 1 induzido por hipoxia de toluidinesulfonamida: aliviar as interações fármaco-fármaco através da utilização de dados PubChem e síntese guiada por análise comparativa do campo molecular. J Med Chem. 2011 Jun 9;54(ll):3982-6. doi:

10.1021/jm200272h. Epub 2011May 16. PMID:21574568

58. de Melo EB, Multivariate SAR/QSAR of 3-aryl-4-hydroxyquinolin-2(lH)-one derivatives as type I fatty acid synthase (FAS) inhibitors.Eur J Med Chem. 2010 Dec;45(12):5817-26. doi : 10.1016/j.ejmech.2010.09.044. Epub 2010 Sep 29. PMID : 20965618

59. Saghaie L, Análise QSAR para alguns pirazóis substituídos por diaril como inibidores de CCR2 por MLR em etapas GA. Chem Biol Drug Des. 2011 Jan;77(l):75-85. doi : 10.1111/j.l747-0285.2010.01053.x. Epub 2010Nov30.PMID : 21118376

60. Tropsha A, Gramatica P, Gombar VK. A importância de ser sério: a validação é absolutamente essencial para uma aplicação e interpretação bem sucedidas dos modelos QSPR. QSARComb. Sci. 2003;22:69-77.

61. Obiol-Pardo C, Um sistema de simulação multi-escala para a previsão da cardiotoxicidade induzida por medicamentos. J Chem Inf Model. 2011 Feb 28;51(2):483-92. doi : 10.1021/cil00423z. Epub 2011 Jan20. PMID : 21250697

62. Jorgensen WL, The many roles of computation in drug discovery (Os muitos papéis da computação na descoberta de medicamentos). Science. 2004 Mar 19;303(5665):1813-8.DOI : 10.1126/science.l096361 PMID : 15031495

63. Kitchen DB, Docking and scoring in virtual screening for drug discovery: methods and applications. Nat Rev Drug Discov. 2004 Nov;3(ll):935-49. DOI : 10.1038/nrdl549PMID : 15520816

64. Gohlke H, Approaches to the description and prediction of the binding affinity of small-molecule ligands to macromolecular receptors (Abordagens para a descrição e previsão da afinidade de ligação de ligandos de pequenas moléculas a receptores macromoleculares). Angew Chem Int Ed Engl. 2002 Aug 2;41(15):2644-76. PMID : 12203463

65. N Moitessier, Towards development of universal, fast and highly accurate docking/scoring methods: a long way to go, Publicado online em 26 de novembro de 2007. doi : 10.1038/sj.bjp.0707515 PMCID : PMC2268060

66. Bailey D, High-throughput chemistry and structure-based design: survival of the smartest. DrugDiscov Today. 2001 Jan l;6(2):57-59. PMID : 11166243

67. Kuntz ID, A geometric approach to macromolecule-ligand interactions. J Mol Biol. 1982 Oct 25;161(2):269-88PMID: 7154081

68. Halperin, Inbal, et al. "Principles of docking: An overview of search algorithms and a

guide to scoring functions". Proteins: Structure, Function, and Bioinformatics 47.4 (2002): 409-443.

69. Brooijmans, Natasja, e Irwin D. Kuntz. "Reconhecimento molecular e algoritmos de acoplamento". Revisão anual de biofísica e estrutura biomolecular 32.1 (2003): 335-373.

70. ten Brink, Tim, e Thomas E. Exner. "Influence of protonation, tautomeric and stereoisomeric states on protein-ligand docking results" [Influência da protonação, estados tautoméricos e estereoisoméricos nos resultados de acoplamento proteína-ligante]. Journal of chemical information and modeling 49.6 (2009): 1535-1546.

71. Plewczynski, Dariusz, et al. "Can we trust docking results? Avaliação de sete programas comummente utilizados na base de dados PDBbind". Journal of computational chemistry 32.4 (2011): 742-755.

72. McConkey, Brendan J., Vladimir Sobolev e Marvin Edelman. "The performance of current methods in ligand-protein docking" [O desempenho dos métodos actuais na ligação ligante-proteína]. *CURRENTSCIENCE-BANGALORE-* 83.7(2002): 845-856.

73. Goodford, Peter J. "A computational procedure for determining energetically favorable binding sites on biologically important macromolecules. *"Journal of medicinal chemistry* 28.7 (1985): 849-857.

74. Kastenholz, Mika A., et al. "GRID/CPCA: uma nova ferramenta computacional para conceber ligandos selectivos. *"Journal of Medicinal Chemistry* 43.16 (2000): 3033-3044.

75. Levitt, David G., e Leonard J. Banaszak. "POCKET: a computer graphies method for identifying and displaying protein cavities and their surrounding amino acids", *Journal of molecular graphics* 10.4 (1992): 229-234.

76. Laskowski, Roman A. "SURFNET: a program for visualizing molecular surfaces, cavities, and intermolecular interactions", *Journal of molecular graphics* 13.5 (1995): 323-330.

77. Glaser, Fabian, et al. "A method for localizing ligand binding pockets in protein structures" *PROTEINS: Structure, Function, and Bioinformatics* 62.2 (2006) : 479488.

78. Brady, G. Patrick, e Pieter FW Stouten. "Fast prediction and visualization of protein binding pockets with PASS", *Journal of computer-aided molecular design* 14.4(2000): 383-401.

79. Mezei, Mihaly. "Um novo método para mapear a topografia macromolecular" *Journal of Molecular Graphics and Modelling* 21.5 (2003): 463-472.

80. Kuntz, Irwin D., et al. "A geometric approach to macromolecule-ligand interactions. *"Journal of molecular biology* 161.2 (1982): 269-288.

81. Koshland, D. E. "Correlation of structure an function in enzyme action" *Science* 142.3599 (1963) : 1533-1541.

82. Mezei, Mihaly. "Um novo método para mapear a topografia macromolecular" *Journal of Molecular Graphics and Modelling* 21.5 (2003): 463-472.

83. Brint, Andrew T., e Peter Willett. "Algoritmos para a identificação de subestruturas tridimensionais máximas comuns". " *Journal of Chemical Information and Computer Sciences* 27.4 (1987): 152-158.

84. Norel, Raquel, et al. "Molecular surface recognition by a computer vision-based technique. *"Protein engineering* 7.1 (1994): 39-46.

85. Moitessier, N., et al. "Towards development of universal, fast and highly accurate docking/scoring methods: a long way to go" *British journal of pharmacology* 153.S1 (2008) : S7-S26.

86. Kuntz, Irwin D., et al. "A geometric approach to macromolecule-ligand interactions. *"Journal of molecular biology* 161.2 (1982): 269-288.

87. Miller, Michael D., et al. "FLOG: a system to select 'quasi-flexible' ligands complementary to a recetor of known three-dimensional structure" *Journal of computer-aided molecular design* 8.2 (1994): 153-174.

88. Diller, David J., e Kenneth M. Merz. "High throughput docking for library design and library prioritization", *Proteins: Structure, Function, and Bioinformatics* 43.2 (2001): 113-124.

89. Burkhard, P., P. Taylor e M. D. Walkinshaw. "Um exemplo de um ligando proteico encontrado por extração de bases de dados: uma descrição do método de acoplamento e a sua verificação por um método de análise de acoplamento.

90. Uma estrutura de raios X de um complexo trombina-ligando" *Journal of molecular biology*

91. (1998) : 449-466.

92. Rarey, Matthias, et al. "A fast flexible docking method using an incremental construction

algorithm" *Journal of molecular biology* 261.3 (1996) : 470-489.

93. DesJarlais, Renee L., et al. "Docking flexible ligands to macromolecular receptors by molecular shape", *Journal of medicinal chemistry* 29.11 (1986): 2149-2153.

94. Brint, Andrew T., e Peter Willett. "Algoritmos para a identificação de subestruturas tridimensionais máximas comuns". " *Journal of Chemical Information and Computer Sciences* 27.4 (1987): 152-158.

95. Ewing, Todd JA, et al. "DOCK 4.0: search strategies for automated molecular docking of flexible molecule databases", *Journal of computer-aided molecular design* 15.5 (2001): 411-428.

96. Rarey, Matthias, et al. "A fast flexible docking method using an incremental construction algorithm" *Journal of molecular biology* 261.3 (1996) : 470-489.

97. Welch, William, Jim Ruppert e Ajay N. Jain. "Hammerhead: fast, fully automated docking of flexible ligands to protein binding sites" *Chemistry & biology* 3.6 (1996): 449-462.

98. Schnecke, Volker, e Leslie A. Kuhn. "Virtual screening with solvation and ligand-indduced complementarity", *Perspectives in drug discovery and design* 20.1 (2000): 171-190.

99. Zsoldos, Zsolt, et al. "eHiTS: an innovative approach to the docking and scoring function problems", *Current Protein and Peptide Science* 7.5 (2006): 421-435.

100. Miranker, Andrew, e Martin Karplus. "Functionality maps of binding sites: a multiple copy simultaneous search method", *Proteins: Structure, Function, and Bioinformatics* 11.1 (1991): 29-34.

101. Eisen, Michael B., et al. "HOOK: a program for finding novel molecular architectures that satisfy the chemical and steric requirements of a macromolecule binding site" *Proteins: Structure, Function, and Bioinformatics* 19.3 (1994): 199-221.

102. Bohm, Hans-Joachim. "LUDI: conceção automática baseada em regras de novos substituintes para inibidores de enzimas" *Journal of Computer-Aided Molecular Design* 6.6 (1992): 593-606.

103. Goodsell, David S., et al. "Automated docking in crystallography: analysis of the substrates of aconitase", *Proteins: Structure, Function, and Bioinformatics* 17.1 (1993): 1-10.

104. Hart, Trevor N., e Randy J. Read. "Um método de acoplamento de Monte Carlo de

início múltiplo". *Proteins: Structure, Function, and Bioinformatics* 13.3 (1992): 206-222.

105. Goodsell, David S., e Arthur J. Olson. "Automated docking of substrates to proteins by simulated annealing," *Proteins: Structure, Function, and Bioinformatics*.

106. (1990) : 195-202.

107. Abagyan, Ruben, Maxim Totrov e Dmitry Kuznetsov. "ICM-a new method for protein modeling and design: applications to docking and structure prediction from the distorted native conformation" *Journal of computational chemistry* 15.5 (1994): 488-506.

108. McMartin, Colin e Regine S. Bohacek. "QXP: algoritmos informáticos poderosos e rápidos para a conceção de medicamentos com base na estrutura" *Journal of computer-aided molecular design* 11.4(1997): 333-344.

109. Yang, Sheng-Yong, "Pharmacophore modeling and applications in drug discovery: challenges and recent advances. "*Drug discovery today* 15.11 (2010): 444-450.

110. Morris GM, Goodsell DS, Halliday RS, Huey R, Hart WE, Belew RK, Olson AJ. Automated docking using a Lamarckian genetic algorithm and an empirical binding free energy function. Journal of Computational Chemistry. 1998;19(14):1639-1662.

111. Jones, Gareth, et al. "Development and validation of a genetic algorithm for flexible docking. "*Journal of molecular biology* 267.3 (1997): 727-748.

112. Oshiro, Connie M., Irwin D. Kuntz e J. Scott Dixon. "Flexible ligand docking using a genetic algorithm" *Journal of computer-aided molecular design* 9.2 (1995): 113-130.

113. Taylor, Jeffrey S. e Roger M. Burnett. "DARWIN: a program for docking flexible molecules" *Proteins: Structure, Function, and Bioinformatics* 41.2 (2000): 173-191.

114. Cornell WD, Cieplak P, Bayly CI, Gould IR, Merz KM, Ferguson DM, Spellmeyer DC, Fox T, Caldwell JW, Kollman PA. A second-generation force field for simulation of proteins, nucleic acids, and organic molecules (Um campo de forças de segunda geração para simulação de proteínas, ácidos nucleicos e moléculas orgânicas). J. Am. Chem. Soc. 1995;117:5179-5197.

115. Brooks BR, Bruccoleri RE, Olafson BD, States DJ, Swaminathan S, Karplus M. CHARMM: Um programa para energia macromolecular, minimização e cálculos de dinâmica. J. Comput. Chem. 1983;4:187-217.

116. Kollman PA. Cálculos de energia livre: aplicações a fenómenos químicos e bioquímicos. Chem. Rev. 1993;93:2395-2417.

117.   Carlson HA, Jorgensen WL. Um método de resposta linear alargado para determinar as energias livres de hidratação. J Phys Chem. 1995;99:10667-10673.

118.   Kuntz, Irwin D., et al. "A geometric approach to macromolecule-ligand interactions. "*Journal of molecular biology* 161.2 (1982): 269-288.

119.   Kuntz ID, Leach AR. Conformational analysis of flexible ligands in macromolecular recetor sites. J. Comput. Chem. 1992;13:730-748.

120.   Ewing, Todd JA, et al. "DOCK 4.0: search strategies for automated molecular docking of flexible molecule databases", *Journal of computer-aided molecular design* 15.5 (2001): 411-428.

121.   Shoichet, Brian K., et al. Descoberta de inibidores da timidilato sintase com base na estrutura. *SCIENCE-NEW YORK THEN WASHINGTON-* 259 (1993): 1445-1445.

122.   Verdonk, Marcel L., et al. "Improved protein-ligand docking using GOLD. *"Proteins: Structure, Function, and Bioinformatics* 52.4 (2003): 609-623.

123.   Michel, Julien, Marcel L. Verdonk, e Jonathan W. Essex. "Previsões da afinidade de ligação proteína-ligando através de simulações implícitas de solventes: uma ferramenta para a otimização de pistas? *"Journal of medicinal chemistry* 49.25 (2006): 7427-7439.

124.   Aqvist, Johan, Victor B. Luzhkov e Bjorn O. Brandsdal. "Ligand binding affinities from MD simulations" *Accounts of chemical research* 35.6 (2002): 358-365.

125.   Briggs, James M., Tami J. Marrone e J. Andrew McCammon. "Computational science new horizons and relevance to pharmaceutical design" *Trends in cardiovascular medicine* 6.6 (1996): 198-203.

126.   Bohm, Hans-Joachim. "Prediction of binding constants of protein ligands: a fast method for the prioritization of hits obtained from de novo design or 3D database search programs", *Journal of computer-aided molecular design* 12.4 (1998): 309-309.

127.   Muegge, Ingo, e Yvonne C. Martin. "A general and fast scoring function for protein-ligand interactions: a simplified potential approach" *Journal of medicinal chemistry* 42.5 (1999): 791-804.

128.   Bohm, Hans-Joachim. "LUDI: conceção automática baseada em regras de novos substituintes para inibidores de enzimas" *Journal of Computer-Aided Molecular Design* 6.6 (1992): 593-606.

129.   Gehlhaar, Daniel K., et al. "Molecular recognition of the inhibitor AG-1343 by HIV-1

protease: conformationally flexible docking by evolution *Chemistry & biology* 2.5 (1995): 317-324.

130. Verkhivker, Gennady M., et al. "Deciphering common failures in molecular docking of ligand-protein complexes. *"Journal of computer-aided molecular design* 14.8 (2000): 731-751.

131. Gehlhaar, Daniel K., et al. "De novo design of enzyme inhibitors by Monte Carlo ligand generation. *"Journal of medicinal chemistry* 38.3 (1995): 466-472.

132. Eldridge, Matthew D., et al. "Empirical scoring functions: I. The development of a fast empirical scoring function to estimate the binding affinity of ligands in recetor complexes", *Journal of computer-aided molecular design* 11.5 (1997) : 425-445.

133. Muegge, Ingo, e Yvonne C. Martin. "A general and fast scoring function for protein-ligand interactions: a simplified potential approach" *Journal of medicinal chemistry* 42.5 (1999): 791-804.

134. Wallqvist, A., R. L. Jernigan, e D. G. Covell. "Uma parametrização de energia livre baseada em preferências da ligação enzima-inibidor. Aplicações à conceção de inibidores da HIV-l-protease. *"Protein Science* 4.9 (1995): 1881-1903.

135. Gohlke, Holger, Manfred Hendlich e Gerhard Klebe. "Knowledge-based scoring function to predict protein-ligand interactions" *Journal of molecular biology* 295.2 (2000) : 337-356.

136. DeWitte, Robert S., e Eugene I. Shakhnovich. "SMoG: um método de conceção de novo baseado em estimativas de energia livre simples, rápidas e exactas. 1 Metodologia e provas de apoio. " *Journal of the American Chemical Society* 118.47 (1996): 11733-11744.

137. Charifson, Paul S., et al. "Consensus scoring: A method for obtaining improved hit rates from docking databases of three-dimensional structures into proteins. *"Journal of medicinal chemistry* 42.25 (1999): 5100-5109.

138. Feher, Miklos. "Consensus scoring for protein-ligand interactions" *Drug discovery today* 11.9 (2006) : 421-428.

139. Clark, Robert D., et al. "Consensus scoring for ligand/protein interactions", *Journal of Molecular Graphics and Modelling* 20.4 (2002) : 281-295.

140. Kitchen, Douglas B., et al. "Docking and scoring in virtual screening for drug

discovery: methods and applications. *"Nature reviews Drug discovery* 3.11 (2004): 935-949.

141.   Srinivasan, Jayashree, et al. "Continuum solvent studies of the stability of DNA, RNA, and phosphoramidate- DNA helices. *"Journal of the American Chemical Society* 120.37 (1998): 9401-9409.

142.   Kollman, Peter A., et al. "Calculating structures and free energies of complex molecules: combining molecular mechanics and continuum models. *"Accounts of chemical research* 33.12 (2000): 889-897.

143.   Still WC, Tempczyk A, Hawley RC, Hendrickson T. Semianalytical Treatment of Solvation for Molecular Mechanics and Dynamics (Tratamento semi-analítico da solvatação para mecânica e dinâmica molecular). J. Am. Chem. Soc. 1990;112(16):6127-6129.

144.   Guimarães, Cristiano RW, e Alan M. Mathiowetz. "Addressing limitations with the MM-GB/SA scoring procedure using the WaterMap method and free energy perturbation calculations", *Journal of chemical information and modeling* 50.4 (2010): 547-559.

145.   Singh, Nidhi, e Arieh Warshel, "Absolute binding free energy calculations: On the accuracy of computational scoring of protein-ligand interactions. *"Proteins: Structure, Function, and Bioinformatics* 78.7 (2010): 1705-1723.

146.   Kuntz, Irwin D., et al. "A geometric approach to macromolecule-ligand interactions. *"Journal of molecular biology* 161.2 (1982): 269-288.

147.   Kuntz ID, Leach AR. Conformational analysis of flexible ligands in macromolecular recetor sites. J. Comput. Chem. 1992;13:730-748.

148.   Ewing, Todd JA, et al. "DOCK 4.0: search strategies for automated molecular docking of flexible molecule databases", *Journal of computer-aided molecular design* 15.5 (2001): 411-428.

149.   Shoichet, Brian K., et al. Descoberta de inibidores da timidilato sintase com base na estrutura. *SCIENCE-NEW YORK THEN WASHINGTON-* 259 (1993): 1445-1445.

150.   Miller, Michael D., et al. "FLOG: a system to select 'quasi-flexible' ligands complementary to a recetor of known three-dimensional structure" *Journal of computer-aided molecular design* 8.2 (1994): 153-174.

151.   Gabb, Henry A., Richard M. Jackson e Michael JE Sternberg. "Modelling protein

docking using shape complementarity, electrostatics and biochemical information", *Journal of molecular biology* 272.1 (1997): 106-120.

152. Bron C, Kerbosch J. Algorithm 457 : Finding All Cliques of an Undirected Graph. Communications of the ACM. 1973;16(9):575-576.

153. Meng EC, Shoichet BK, Kuntz ID. Acoplamento automatizado com avaliação de energia baseada em grelha. J. Comput. Chem. 1992;13:505-524.

154. Zou XQ, Sun Y, Kuntz ID. Inclusão de solvatação em cálculos de energia livre de ligação de ligantes usando o modelo de nascimento generalizado. J. Am. Chem. Soc. 1999;121:8033- 8043.

155. Koshland, D. E. "Correlation between structure and function   of   enzyme action." *Science* 142.3599(1963): 1533-1541.

156. Hammes, GordonG   .   "Multiple   conformational   changes in the enzyme *Biochemistry* 41.26 (2002): 8221-8228.

157. Morris GM, Goodsell DS, Halliday RS, Huey R, Hart WE, Belew RK, Olson AJ. Automated docking using a Lamarckian genetic algorithm and an empirical binding free energy function. Journal of Computational Chemistry. 1998;19(14):1639-1662.

158. Rarey, Matthias, et al. "A fast flexible docking method using an incremental construction algorithm" *Journal of molecular biology* 261.3 (1996) : 470-489.

159. Trott, Oleg, e Arthur J. Olson. "AutoDock Vina: melhorando a velocidade e a precisão da ancoragem com uma nova funcionalidade de pontuação, otimização eficiente e multithreading. " *Journal of computational chemistry* 31.2 (2010): 455-461.

160. Bohm, Hans-Joachim. "The development of a simple empirical scoring function to estimate the binding constant for a protein-ligand complex of known three-dimensional structure" *Journal of computer-aided molecular design* 8.3 (1994): 243256.

161. Teague, Simon J. "Implications of protein flexibility for drug discovery. "*Nature reviews Drug discovery* 2.7 (2003): 527-541.

162. Jiang, Fan, e Sung-Hou Kim. ""Soft docking": correspondência de cubos de superfície molecular. "*Journal of molecular biology* 219.1 (1991): 79-102.

163. Gschwend, Daniel A., Andrew C. Good e Irwin D. Kuntz. "Molecular docking towards drug discovery. *Journal of Molecular Recognition* 9.2 (1996): 175-186.

164. Totrov M, Abagyan R. Protein-ligand docking as an energy optimization problem. In:

Raffa RB, editor. Drug-recetor thermodynamics: Introduction and experimental applications. John Wiley & Sons; Nova Iorque: 2001. pp. 603-624.

165. Leach, Andrew R. "Ligand docking to proteins with discrete side-chain flexibility. "*Journal of molecular biology* 235.1 (1994): 345-356.

166. Desmet, John, e Marc De Maeyer. "The dead-end elimination theorem and its use in protein side-chain positioning", *Nature* 356.6369 (1992): 539.

167. Abagyan R, Totrov M, Kuznetsov D. ICM-A new method for protein modeling and design: Applications to anchoring and structure prediction from deformed native conformation. J. Comput. Chem. 1994;15:488-506.

168. Abagyan, Ruben, e Maxim Totrov, "Biased probability Monte Carlo conformational searches and electrostatic calculations for peptides and proteins. "*Journal of molecular biology* 235.3 (1994): 983-1002.

169. Morris, Garrett M., et al. "AutoDock4 e AutoDockTools4: Acoplamento automatizado com flexibilidade selectiva do recetor". *Jornal de química computacional* 30.16 (2009) : 2785-2791.

170. Knegtel, Ronald MA, Irwin D. Kuntz, e C. M. Oshiro, "Molecular docking to ensembles of protein structures" *Journal of molecular biology* 266.2 (1997): 424440.

171. Carlson HA, Masukawa KM, Rubins K, Bushman FD, Jorgensen WL, Lins RD, Briggs JM, McCammon JA. Desenvolvimento de um modelo farmacofórico dinâmico para a integrase do VIH-1. J Med Chem. 2000;43(ll):2100-2114.

172. Cavasotto CN, Abagyan RA. Flexibilidade das proteínas na ancoragem de ligandos e no rastreio virtual de proteínas quinases. J Mol Biol. 2004;337(l):209-225.

173. Claussen H, Buning C, Rarey M, Lengauer T. FlexE: acoplamento molecular eficiente tendo em conta as variações da estrutura das proteínas. J Mol Biol. 2001;308(2):377-395.

174. Friesner RA, Banks JL, Murphy RB, Halgren TA, Klicic JJ, Mainz DT, Repasky MP, Knoll EH, Shelley M, Perry JK, Shaw DE, Francis P, Shenkin PS. Glide: uma nova abordagem para uma acoplagem e pontuação rápidas e exactas. 1 Método e avaliação da exatidão do acoplamento. J Med Chem. 2004;47(7):1739-1749.

175. Sherman W, Day T, Jacobson MP, Friesner RA, Farid R. Novel procedure for modeling ligand/recetor induced fit effects. J Med Chem. 2006;49(2):534-553.

176. McMartin C, Bohacek RS. QXP: algoritmos informáticos potentes e rápidos para a

conceção de medicamentos com base na estrutura. J ComputAidedMolDes. 1997;ll(4):333-344.

177.   Alvarez, Juan, e Brian Shoichet, eds. *Virtual screening in drug discovery*. CRC press, 2005.

178.   Schnecke V, Kuhn LA. Virtual Screening with Solvation and Ligand-Induced Complementarity. Perspectives in Drug Discovery and Design. 2000;20:171-190.

Printed by Books on Demand GmbH, Norderstedt / Germany